中等职业学校工业和
信息化精品系列教材

Dreamweaver
网页设计与制作

项目式全彩微课版

主编：孔令勇 骆霞权

副主编：马平 梁武卷 罗晓涛

人民邮电出版社

北 京

图书在版编目（CIP）数据

Dreamweaver网页设计与制作 ：项目式全彩微课版 /
孔令勇，骆霞权主编. -- 北京 ： 人民邮电出版社，
2022.6（2024.7重印）
中等职业学校工业和信息化精品系列教材
ISBN 978-7-115-59023-7

Ⅰ．①D… Ⅱ．①孔… ②骆… Ⅲ．①网页制作工具—
中等专业学校—教材 Ⅳ．①TP393.092.2

中国版本图书馆CIP数据核字(2022)第050934号

内 容 提 要

本书全面、系统地介绍 Dreamweaver CC 2019 的基本操作方法和网页的设计与制作技巧，主要内容包括网页设计基础、初识 Dreamweaver CC 2019、文本、图像和多媒体、超链接、表格、CSS 样式、模板和库、表单与行为和综合设计实训等。

本书各项目通过"任务引入"介绍各任务的学习内容；通过"任务知识"讲解软件功能；通过"任务实施"带领学生快速熟悉软件操作技巧和网页设计思路；通过"扩展实践"和"项目演练"拓展学生的实际应用能力。项目10 是综合设计实训，旨在帮助学生深刻领会网页制作的设计理念，提升学生的实战水平。

本书可作为中等职业学校数字媒体专业网页设计与制作课程的教材，也可供网页设计与制作初学者学习参考。

◆ 主　　编　孔令勇　骆霞权
　　副 主 编　马　平　梁武卷　罗晓涛
　　责任编辑　王亚娜
　　责任印制　王　郁　焦志炜

◆ 人民邮电出版社出版发行　　北京市丰台区成寿寺路 11 号
　　邮编　100164　　电子邮件　315@ptpress.com.cn
　　网址　https://www.ptpress.com.cn
　　涿州市般润文化传播有限公司印刷

◆ 开本：889×1194　1/16
　　印张：12.5　　　　　　　　　2022 年 6 月第 1 版
　　字数：261 千字　　　　　　　2024 年 7 月河北第 3 次印刷

定价：59.80 元

读者服务热线：(010)81055256　印装质量热线：(010)81055316
反盗版热线：(010)81055315
广告经营许可证：京东市监广登字 20170147 号

前 言

PREFACE

本书全面贯彻党的二十大精神，以社会主义核心价值观为引领，传承中华优秀传统文化，坚定文化自信，使内容更好体现时代性、把握规律性、富于创造性。

本书根据《中等职业学校专业教学标准》编写，邀请行业、企业专家和一线课程负责人从人才培养目标、专业方案等方面做好顶层设计，明确专业课程标准，强化专业技能培养，合理安排教材内容。书中根据岗位技能要求，引入企业真实案例，强调对学生实际应用能力的培养。

本书在内容编写方面，力求细致全面、重点突出；在文字叙述方面，注意言简意赅、通俗易懂；在案例选取方面，强调案例的针对性和实用性。

本书云盘中包含书中所有案例的素材及效果文件。另外，为方便教师教学，本书配备了微课视频、PPT 课件、教学教案、大纲等丰富的教学资源，任课教师可登录人邮教育社区（www.ryjiaoyu.com）免费下载使用。本书的参考学时为 60 学时，各项目的参考学时参见学时分配表。

项目	教学内容	建议学时
项目 1	发现网页中的美——网页设计基础	4
项目 2	熟悉设计工具——初识 Dreamweaver CC 2019	4
项目 3	熟练编辑文本——文本	6
项目 4	熟练使用素材——图像和多媒体	4
项目 5	明确目标链接关系——超链接	6
项目 6	掌控页面布局——表格	6
项目 7	了解如何美化页面——CSS 样式	8
项目 8	了解固定页面布局——模板和库	4

前 言

PREFACE

续表

项目	教学内容	建议学时
项目 9	了解页面的交互性——表单与行为	8
项目 10	演练商业应用——综合设计实训	10
学时总计		60

　　本书由孔令勇、骆霞权任主编，马平、梁武卷、罗晓涛任副主编。由于编者水平有限，书中难免存在不足之处，敬请广大读者批评指正。

编者

2023 年 5 月

目 录

CONTENTS

目 录
CONTENTS

目 录
CONTENTS

目　录
CONTENTS

扩展知识扫码阅读

设计基础知识

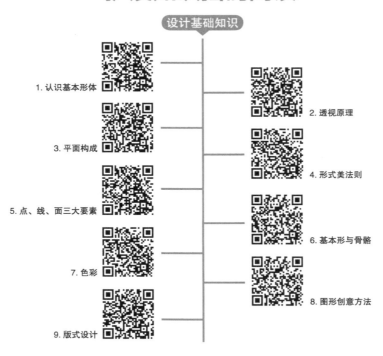

1. 认识基本形体

2. 透视原理

3. 平面构成

4. 形式美法则

5. 点、线、面三大要素

6. 基本形与骨骼

7. 色彩

8. 图形创意方法

9. 版式设计

设计应用知识

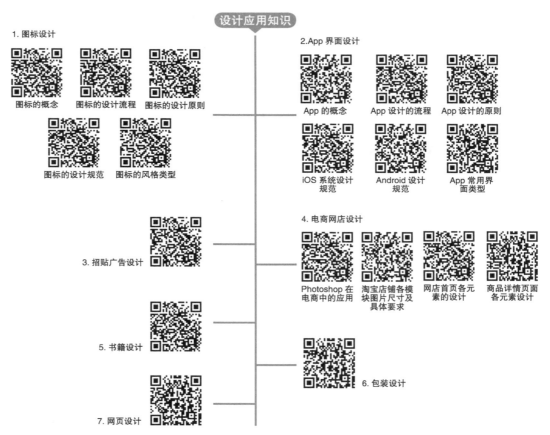

1. 图标设计

图标的概念　图标的设计流程　图标的设计原则

图标的设计规范　图标的风格类型

2.App 界面设计

App 的概念　App 设计的流程　App 设计的原则

iOS 系统设计规范　Android 设计规范　App 常用界面类型

3. 招贴广告设计

4. 电商网店设计

Photoshop 在电商中的应用　淘宝店铺各模块图片尺寸及具体要求　网店首页各元素的设计　商品详情页面各元素设计

5. 书籍设计

6. 包装设计

7. 网页设计

项目1

发现网页中的美
——网页设计基础

01

随着网页设计技术的不断发展，从事网页设计工作的相关人员需要与时俱进地学习网页设计的新技术和技巧。本项目对网页设计的相关应用及基本流程进行系统讲解。通过本项目的学习，读者可以对网页设计有一个全面的认识，有助于高效地进行后续的网页设计工作。

学习引导

知识目标

- 了解网页设计的相关应用；
- 明确网页设计的基本流程。

能力目标

- 掌握网页设计作品的搜集方法；
- 掌握网页设计素材的搜集方法。

素养目标

- 培养对网页设计的基本兴趣。

任务 1.1　了解网页设计的相关应用

1.1.1　任务引入

本任务要求读者首先了解网页设计的相关应用；然后通过在相关网站中搜集网页设计作品，提高对网页设计的审美能力。

1.1.2　任务知识：网页设计的相关应用

① 门户网站

门户网站是综合型网站，提供某类综合性互联网信息资源和相关信息服务，如图 1-1 所示。

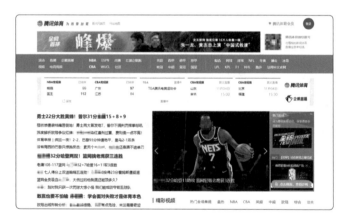

图 1-1

② 专业网站

专业网站又称为"垂直网站"，根据某些特定的领域或某种特定的需求，提供有关该领域或需求的深度信息和相关服务，如图 1-2 所示。

图 1-2

③ 电商网站

电商网站是企业、机构或个人开展电商活动的基础设施和平台，如图1-3所示。

图1-3

④ 企业网站

企业网站是企业在互联网上进行形象宣传和产品服务的平台，相当于企业在网络上的"名片"，如图1-4所示。

图1-4

⑤ 应用网站

应用网站就是软件、系统服务的网页形式，如图1-5所示。用户只需使用浏览器即可访问应用网站并进行相关操作，而不需要安装软件，非常便捷。

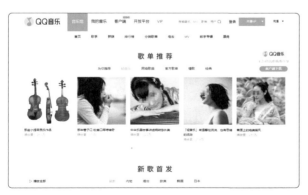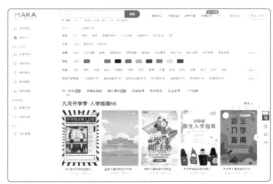

图1-5

1.1.3 任务实施

（1）打开花瓣网官网，单击右上方的"登录 / 注册"按钮，如图 1-6 所示。在弹出的对话框中选择登录方式并登录，如图 1-7 所示。

图 1-6   图 1-7

（2）在搜索框中输入关键词"中秋节电商"，如图 1-8 所示，按 Enter 键，进入搜索页面。

图 1-8

（3）选择页面左上角的"画板"选项，选择需要的类别，如图 1-9 所示。

图 1-9

（4）在需要采集的画板上单击，在跳转的页面中选择需要的图片，单击"采集"按钮，如图 1-10 所示。在弹出的对话框中输入名称"电商设计"，单击下方的"创建画板'电商设计'"按钮，新建画板。单击"电商设计"右侧的"采下来"按钮，将需要的图片采集到画板中，如图 1-11 所示。

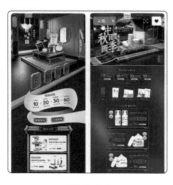

图 1-10   图 1-11

任务 1.2 明确网页设计的基本流程

1.2.1 任务引入

本任务要求读者首先了解网页设计的基本流程；然后通过在相关网站中搜集网页设计素材，提高搜集素材的能力。

1.2.2 任务知识：网页设计的基本流程

网页设计的基本流程包括网站策划、资料搜集、交互设计、界面设计、网站测试、上传发布六大步骤，如图 1-12 所示。

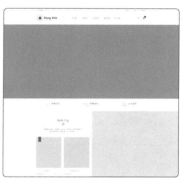

（a）网站策划　　　　　　　　（b）资料搜集　　　　　　　　（c）交互设计

（d）界面设计　　　　　　　　（e）网站测试　　　　　　　　（f）上传发布

图 1-12

1.2.3 任务实施

（1）打开花瓣网官网，单击右上方的"登录／注册"按钮，如图 1-13 所示，在弹出的对话框中选择登录方式并登录，如图 1-14 所示。

图 1-13 图 1-14

（2）在搜索框中输入关键词"家居网页"，如图 1-15 所示，按 Enter 键，进入搜索页面。

图 1-15

（3）选择页面左上角的"画板"选项，选择需要的类别，如图 1-16 所示。

图 1-16

（4）在需要采集的画板上单击，在跳转的页面中选择需要的图片，单击"采集"按钮，如图 1-17 所示。在弹出的对话框中输入名称"网页设计"，单击下方的"创建画板'网页设计'"按钮，新建画板。单击"网页设计"右侧的"采下来"按钮，将需要的图片采集到画板中，如图 1-18 所示。

图 1-17 图 1-18

项目2

熟悉设计工具
——初识Dreamweaver CC 2019

02

网页是网站的基本组成部分。网页之间并不是杂乱无章的，它们通过各种链接相互关联。通过本项目的学习，读者可以认识Dreamweaver CC 2019的操作界面、掌握软件的基础操作及如何管理、创建网站框架。

学习引导

知识目标

- 了解软件的操作界面与基础操作；
- 了解站点的创建方法。

能力目标

- 掌握站点的创建及编辑方法；
- 掌握网站框架的创建方法和技巧。

素养目标

- 激发研究网页设计工具的兴趣。

任务 2.1　熟悉操作界面与基础操作

2.1.1　任务引入

本任务要求读者首先认识 Dreamweaver CC 2019 的操作界面，了解其基础操作，然后通过在软件中打开一个具体的网页文件来熟悉对文件的操作。

2.1.2　任务知识：操作界面与基础操作

❶ 开始界面

启动 Dreamweaver CC 2019 后进入的是欢迎界面，用户可在此选择新建文件，或打开已有的文件等，如图 2-1 所示。

选择"编辑 > 首选项"命令，或按 Ctrl+U 组合键，弹出"首选项"对话框，取消勾选"显示开始屏幕"复选框，如图 2-2 所示。单击"应用"按钮，然后单击"关闭"按钮。这样以后启动 Dreamweaver CC 2019 时将不再显示欢迎界面。

图 2-1

图 2-2

❷ 不同风格的界面

Dreamweaver CC 2019 的操作界面与老版本相比有一些改变，若想修改操作界面的风格，可选择"窗口 > 工作区布局"命令，弹出其子菜单，如图 2-3 所示。在子菜单中选择"开发人员"或"标准"命令，界面会发生相应的改变。

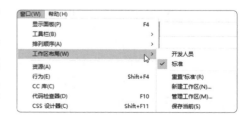

图 2-3

❸ **伸缩自如的功能面板**

在浮动面板的右上方单击 ﹥﹥ 按钮，如图 2-4 所示，可以隐藏或展开面板。

如果觉得工作区的大小不合适，可以将鼠标指针放在文档编辑窗口右侧与面板交界的框线处，当鼠标指针呈双向箭头时按住鼠标左键并拖曳，调整工作区的大小，如图 2-5 所示。

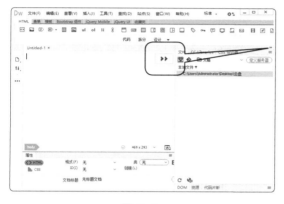 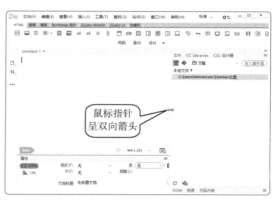

图 2-4　　　　　　　　　　　　　　　　　图 2-5

❹ **多文档的编辑界面**

Dreamweaver CC 2019 提供了多文档的编辑界面，将多个文档整合在一起，方便用户在各个文档之间切换，如图 2-6 所示。单击文档编辑窗口上方的选项卡，即可快速切换到相应的文档，以便同时编辑多个文档。

❺ **新颖的"插入"面板**

Dreamweaver CC 2019 的"插入"面板可以随意与其他面板组合，为了便于操作，一般会将其放置在菜单栏的下方，如图 2-7 所示。

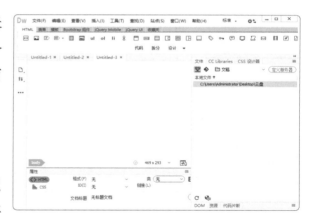

图 2-6

图 2-7

"插入"面板包括"HTML""表单""模板""Bootstrap 组件""jQuery Mobile""jQuery UI""收藏夹"7 个选项卡，不同功能的按钮分门别类地放在不同的选项卡中。在 Dreamweaver CC 2019 中，"插入"面板可以以菜单和选项卡两种方式显示。如果需要显示为菜单样式，可用鼠标右键单击"插入"面板的任意选项卡，在弹出的快捷菜单中选择"显示为菜单"命令，如图 2-8 所示。更改后的效果如图 2-9 所示。

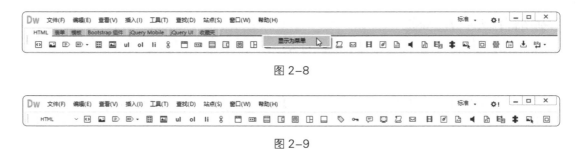

图 2-8

图 2-9

如果需要显示为选项卡样式，可打开左侧的下拉菜单，在下拉菜单中选择"显示为制表符"命令，如图 2-10 所示。

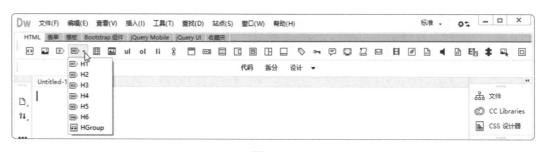

图 2-10

在"插入"面板中，如果按钮右侧有黑色箭头，则表示其为展开式按钮，如图 2-11 所示。

图 2-11

❻ CSS 功能

传统的 HTML 所提供的样式及排版功能非常有限，因此，复杂的网页版面主要靠 CSS 样式来实现。CSS 的功能较多，语法比较复杂，因此需要一个很好的工具软件来整理复杂的 CSS 源代码，并适时地提供辅助说明。Dreamweaver CC 2019 就具备这样的功能。

Dreamweaver CC 2019 中的"属性"面板提供了 CSS 功能。用户可以通过"属性"面板对所选的对象应用、创建和编辑样式，如图 2-12 所示。若某些文字应用了自定义样式，则当用户调整这些文字的属性时，会自动生成新的 CSS 样式。

图 2-12

"页面属性"对话框也提供了CSS功能。单击"页面属性"按钮,弹出"页面属性"对话框,如图2-13所示。用户可以选择"分类"列表中的"链接(CSS)"选项,在"下划线样式"下拉列表中选择超链接的样式,系统会自动进行CSS样式代码的调整,如图2-14所示。

图 2-13

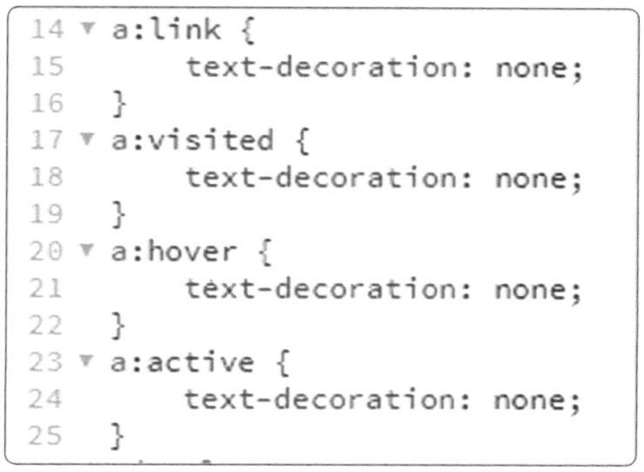

```
14 ▼  a:link {
15        text-decoration: none;
16    }
17 ▼  a:visited {
18        text-decoration: none;
19    }
20 ▼  a:hover {
21        text-decoration: none;
22    }
23 ▼  a:active {
24        text-decoration: none;
25    }
```

图 2-14

2.1.3　任务实施

(1)启动Dreamweaver CC 2019,选择"文件 > 打开"命令,在弹出的"打开"对话框中选择云盘中的"Ch02 > 2.1 在线留言网页 > index.html"文件,单击"打开"按钮,打开文件,如图2-15所示。

(2)选择"文件 > 页面属性"命令,弹出"页面属性"对话框。在对话框左侧的"分类"列表中选择"链接(CSS)"选项,在"字体粗细"下拉列表中选择"bold"选项,将"链接颜色"选项设为白色,在"下划线样式"下拉列表中选择"始终无下划线"选项,如图2-16所示。

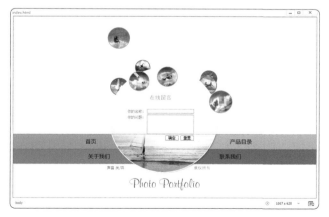

图 2-15

图 2-16

(3)单击"确定"按钮,链接文字发生变化,效果如图2-17所示。保存文档,按F12键预览效果,如图2-18所示。

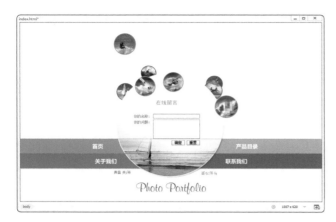

图 2-17

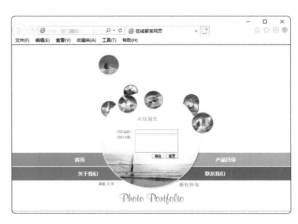

图 2-18

任务 2.2   管理站点

2.2.1   任务引入

本任务要求读者首先认识站点管理器，了解创建站点的知识；然后通过进行站点的管理掌握管理站点的方法。

2.2.2   任务知识：站点管理器、创建站点

① 站点管理器

站点管理器的主要功能包括打开站点、编辑站点、复制站点、删除站点，以及导出和导入站点。若要管理站点，必须打开"管理站点"对话框，如图 2-19 所示。

打开"管理站点"对话框有以下几种方法。

● 选择"站点 > 管理站点"命令。

● 选择"窗口 > 文件"命令，弹出"文件"面板，单击"管理站点"链接，如图 2-20 所示。

● 在"文件"面板中打开"桌面"下拉列表，选择"管理站点"选项，如图 2-21 所示。

在"管理站点"对话框中，利用"新建站点""编辑当前选定的站点""复制当前选定的站点""删除当前选定的站点"按钮，可以新建、修改、复制、删除站点；利用"导出当前选定的站点"和"导入站点"按钮，可以将站点导出为 XML 文件，这样用户就可以在不同的计算机和软件版本之间移动站点，或者与其他用户共享站点。

图 2-19　　　　　　　　　　图 2-20　　　　　　　　　　图 2-21

在"管理站点"对话框中选择一个具体的站点，然后单击"完成"按钮，"文件"面板中就会出现站点管理器的缩略图。

◎ 打开站点

当要修改某个网站的内容时，先要打开对应站点。打开站点的具体操作步骤如下。

（1）启动 Dreamweaver CC 2019。

（2）选择"窗口 > 文件"命令，弹出"文件"面板，在"桌面"下拉列表中选择要打开的站点，如图 2-22 和图 2-23 所示。

图 2-22　　　　　　　图 2-23

◎ 编辑站点

有时用户需要修改站点的一些设置，就要利用 Dreamweaver CC 2019 的站点编辑功能。例如，修改站点的默认图像文件夹的路径，具体的操作步骤如下。

（1）选择"站点 > 管理站点"命令，弹出"管理站点"对话框。

（2）在对话框中选择要编辑的站点，单击"编辑当前选定的站点"按钮，在弹出的对话框中选择"高级设置"选项，此时可根据需要进行修改，如图 2-24 所示。完成设置后单击"保存"按钮，回到"管理站点"对话框。

（3）如果不需要修改其他站点，可单击"完成"按钮，关闭"管理站点"对话框。

图 2-24

◎ 复制站点

复制站点可省去重复建立多个结构相同站点的操作步骤，从而提高工作效率。在"管理站点"对话框中可以复制站点，具体的操作步骤如下。

（1）在"管理站点"对话框中选中要复制的站点，单击"复制当前选定的站点"按钮进行复制。

（2）双击新复制的站点，弹出"站点设置对象 基础素材 复制"对话框，在"站点名称"文本框中可以更改新站点的名称。

◎ 删除站点

删除站点只是删除 Dreamweaver CC 2019 与本地站点间的关联，而本地站点包含的文件和文件夹仍然保存在本地磁盘原来的位置上。换句话说，删除站点后，虽然站点文件夹仍保存在本地计算机中，但 Dreamweaver CC 2019 中已经不存在此站点了，即"管理站点"对话框中没有该站点。

在"管理站点"对话框中删除站点的具体操作步骤如下。

（1）在"管理站点"对话框中选中要删除的站点。

（2）单击"删除当前选定的站点"按钮 即可删除选中的站点。

◎ 导出站点

导出站点的具体操作步骤如下。

（1）选择"站点 > 管理站点"命令，弹出"管理站点"对话框。在对话框中选择要导出的站点，单击"导出当前选定的站点"按钮 ，弹出"导出站点"对话框。

（2）在该对话框中浏览并选择保存该站点的路径，如图 2-25 所示，单击"保存"按钮，将站点保存为扩展名是"ste"的文件。

图 2-25

（3）单击"完成"按钮，关闭"管理站点"对话框，完成导出站点操作。

◎ 导入站点

导入站点的具体操作步骤如下。

（1）选择"站点 > 管理站点"命令，弹出"管理站点"对话框。

（2）在对话框中单击"导入站点"按钮，弹出"导入站点"对话框。浏览并选中要导入的站点，如图 2-26 所示。单击"打开"按钮，站点被导入，如图 2-27 所示。

图 2-26

图 2-27

（3）单击"完成"按钮，关闭"管理站点"对话框，完成导入站点操作。

❷ 新建文件夹

创建站点前，要先在本地计算机上规划站点文件夹。

新建文件夹的具体操作步骤如下。

（1）在本地计算机中打开要存储站点的磁盘。

（2）通过以下几种方法新建文件夹。

● 单击"主页"选项卡中的"新建文件夹"按钮，如图 2-28 所示，即可新建一个文件夹，如图 2-29 所示。

图 2-28

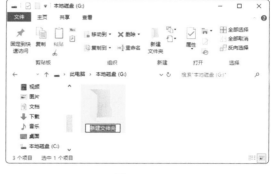

图 2-29

● 在磁盘的空白区域单击鼠标右键，在弹出的菜单中选择"新建 > 文件夹"命令，即可新建一个文件夹。

● 按 Ctrl+Shift+T 组合键，即可新建一个文件夹。

（3）输入新文件夹的名称。

一般情况下，若站点不复杂，可直接将网页存放在站点的根目录下，并在站点根目录中按照资源的种类建立不同的文件夹，用于存放不同的资源。例如，"image"文件夹存放站点中的图像文件，"media"文件夹存放站点中的多媒体文件等。若站点复杂，则需要根据不同功能的板块，在站点根目录中按板块创建子文件夹，存放不同的网页，这样便于网站设计者修改网站。

❸ 创建站点

建立好站点文件夹后，用户就可创建站点了。在 Dreamweaver CC 2019 中，站点通常分为两种类型，即本地站点和远程站点。在 Dreamweaver CC 2019 中创建 Web 站点时，通常先在本地磁盘中创建本地站点，然后创建远程站点，即将网页的副本上传到一个远程 Web 服务器上，使公众可以访问它们。下面介绍如何创建本地站点。

创建本地站点的步骤如下。

（1）选择"站点 > 管理站点"命令，弹出"管理站点"对话框。

（2）在"管理站点"对话框中单击"新建站点"按钮，弹出"站点设置对象 未命名站点 2"对话框。在对话框的"站点"选项卡中可以设置站点名称，如图 2-30 所示；选择"高级设置"选项，在对应的选项卡中根据需要设置站点，如图 2-31 所示。

图 2-30

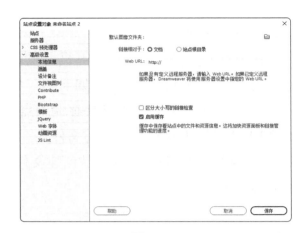

图 2-31

"本地信息"选项卡中选项的功能介绍如下。

● **"默认图像文件夹"文本框**：在文本框中输入此站点的默认图像文件夹的路径，或者单击"浏览文件夹"按钮，在弹出的对话框中选择文件夹。将非站点图像添加到网页中时，图像会自动添加到当前站点的默认图像文件夹中。

● **"链接相对于"选项组**：选择"文档"单选项，表示使用文档相对路径来链接；选择"站点根目录"单选项，表示使用站点根目录相对路径来链接。

● **"Web URL"文本框**：在文本框中输入已完成的站点将使用的 URL。

● **"区分大小写的链接检查"复选框**：勾选此复选框，可对使用区分大小写的链接进行检查。

● **"启用缓存"复选框**：指定是否创建本地缓存，以提高链接和站点管理任务的速度。若勾选此复选框，则创建本地缓存。

2.2.3　任务实施

（1）选择"窗口＞文件"命令，弹出"文件"面板，如图 2-32 所示。在"文件"面板中打开"桌面"下拉列表，选择"管理站点"选项，如图 2-33 所示。弹出"管理站点"对话框，单击"新建站点"按钮，弹出"站点设置对象 未命名站点 2"对话框，在左侧列表中选择"站点"选项，在"站点名称"文本框中输入站点名称，如图 2-34 所示。

图 2-32

图 2-33

图 2-34

（2）单击"本地站点文件夹"选项右侧的"浏览文件"按钮🗀，在弹出的对话框中选择需要设置的本地磁盘中存储站点的文件夹，单击"选择"按钮，返回"站点设置对象 文稿"对话框，如图 2-35 所示。单击"保存"按钮，返回"管理站点"对话框，如图 2-36 所示。

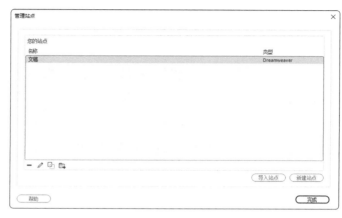

图 2-35　　　　　　　　　　　　　　　　图 2-36

（3）单击"完成"按钮，站点创建完成，"文件"面板如图 2-37 所示。在站点中选择"Ch02 > 2.2 有机蔬菜网页 > index.html"文件，如图 2-38 所示。双击"index.html"文件，效果如图 2-39 所示。

图 2-37　　　　　　　　　图 2-38　　　　　　　　　图 2-39

（4）选择"文件 > 页面属性"命令，在弹出的"页面属性"对话框中进行设置，如图 2-40 所示，单击"确定"按钮。保存文档，按 F12 键预览效果，如图 2-41 所示。

图 2-40　　　　　　　　　　　　　　　　图 2-41

任务 2.3   创建网站框架

2.3.1   任务引入

本任务要求读者首先了解如何创建和保存网页、管理站点文件和文件夹；然后通过创建网站框架，掌握网站框架的创建方法。

2.3.2   任务知识：创建和保存网页、管理站点文件和文件夹

1 创建和保存网页

创建站点后，用户需要创建网页来组织网站要展示的内容。对网页进行合理的命名非常重要，网页文件的名称应容易理解，能反映网页的内容。

网站中有一个特殊的网页——首页，每个网站必须有一个首页。访问者在 Web 浏览器的地址栏中输入网站地址，访问后最先看到的就是该网站的首页。一般情况下，首页的文件名可为"index.htm""index.html""index.asp""default.asp""default.htm""default.html"等。

在 Dreamweaver CC 2019 中，创建和保存网页的操作步骤如下。

（1）选择"文件 > 新建"命令，或按 Ctrl+N 组合键，弹出"新建文档"对话框，选择"新建文档"选项，在"文档类型"列表中选择"HTML"选项，在"框架"区域选择"无"选项卡，设置如图 2-42 所示。

（2）设置完成后，单击"创建"按钮，弹出文档编辑窗口，新文档在该窗口中打开。可根据需要在文档编辑窗口中选择不同的视图进行网页设计，如图 2-43 所示。

图 2-42

文档编辑窗口中有 3 种视图，这 3 种视图的介绍如下。

● **"代码"视图：** 可在"代码"视图中查看、修改和编写网页代码，以实现特殊的网页效果。"代码"视图的效果如图 2-44 所示。

图 2-43　　　　　　　　　　　　　图 2-44

● **"设计"视图**：以"所见即所得"的方式显示所有网页元素。"设计"视图的效果如图 2-45 所示。

● **"拆分"视图**：将文档编辑窗口分为上、下两部分，上部是设计部分，显示网页元素及其在页面中的布局；下部是代码部分，显示网页设计代码。在此视图中，用户可通过在设计部分单击网页元素的方式，快速地定位到要修改的网页元素代码的位置，进行代码的修改，或在"属性"面板中修改网页元素的属性。选择"查看 > 拆分"命令，在弹出的菜单中可以选择拆分的显示类型。"拆分"视图的效果如图 2-46 所示。

图 2-45　　　　　　　　　　　　　图 2-46

（3）网页设计完成后，选择"文件 > 保存"命令，弹出"另存为"对话框，在"文件名"文本框中输入网页的名称，如图 2-47 所示，单击"保存"按钮，将该文档保存在站点文件夹中。

2 管理站点文件和文件夹

当站点结构发生变化时，需要对站点文件和文件夹进行移动和重命名等操作。下面介绍如何在"文件"面板的站点文件夹列表中对站点文件和文件夹进行管理。

图 2-47

◎ 重命名文件或文件夹

修改文件或文件夹名称的具体操作步骤如下。

（1）选择"窗口 > 文件"命令，弹出"文件"面板，在其中选择要重命名的文件或文件夹。

（2）可以通过以下两种方法激活文件或文件夹名称的可编辑状态。

● 单击文件或文件夹名，稍停片刻，再次单击文件或文件夹名。

● 用鼠标右键单击文件或文件夹图标，在弹出的快捷菜单中选择"编辑 > 重命名"命令。

（3）输入新名称，按 Enter 键。

◎ 移动文件或文件夹

移动文件或文件夹的具体操作步骤如下。

（1）选择"窗口 > 文件"命令，弹出"文件"面板，在其中选择要移动的文件或文件夹。

（2）可以通过以下两种方法移动文件或文件夹。

● 剪切该文件或文件夹，然后将其粘贴在新位置。

● 将该文件或文件夹直接拖曳到新位置。

（3）"文件"面板会自动刷新，这样就可以看到移动的文件或文件夹出现在新位置。

◎ 删除文件或文件夹

删除文件或文件夹有以下两种方法。

● 选择"窗口 > 文件"命令，弹出"文件"面板，在其中选择要删除的文件或文件夹，按 Delete 键删除。

● 用鼠标右键单击要删除的文件或文件夹，在弹出的快捷菜单中选择"编辑 > 删除"命令。

2.3.3 任务实施

（1）选择"文件 > 打开"命令，在弹出的"打开"对话框中选择云盘中的"Ch02 > 2.3 果蔬网页 > index.html"文件，如图 2-48 所示。单击"打开"按钮，打开文件，效果如图 2-49 所示。

图 2-48

图 2-49

（2）按 Ctrl+A 组合键，选择网页中的全部元素，如图 2-50 所示。按 Ctrl+C 组合键复制。选择"文件 > 新建"命令，在弹出的"新建文档"对话框中进行设置，如图 2-51 所示。

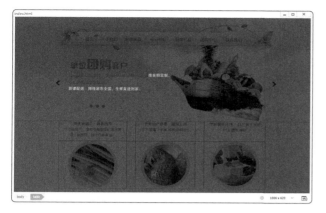

图 2-50　　　　　　　　　　　　　　　　　　　图 2-51

（3）单击"创建"按钮，创建一个空白文档，如图 2-52 所示。选择"文件 > 保存"命令，弹出"另存为"对话框，在"文件名"文本框中输入名称，如图 2-53 所示，单击"保存"按钮保存文件。

图 2-52　　　　　　　　　　　　　　　　　　　图 2-53

（4）按 Ctrl+V 组合键，粘贴网页元素到新建的空白文档中，效果如图 2-54 所示。单击"Untitled-1.html"右侧的 ✖ 按钮，弹出提示对话框，如图 2-55 所示，单击"是"按钮，保存对"Untitled-1.html"文件的更改。单击"index.html"右侧的 ✖ 按钮，关闭打开的"index.html"文件。单击标题栏中的"关闭"按钮 ✖ ，关闭软件。

图 2-54　　　　　　　　　　　　　　　　　　　图 2-55

项目3

熟练编辑文本

——文本

03

在当今网络时代，不管网页内容多么丰富，文本仍是网页中最基本的元素。由于文本的信息量大，输入、编辑起来方便，并且生成的文件小，容易被浏览器下载，不会产生太多的等待时间，因此掌握文本的使用，对于网页制作者来说是最基本的要求。通过本项目的学习，读者可以掌握对网页中文本的编辑方法和技巧。

学习引导

知识目标

- 掌握文本的输入及导入方法；
- 了解水平线、网格与标尺的插入方法。

能力目标

- 熟练掌握文本的输入方法；
- 掌握文本的属性设置方法。

素养目标

- 培养对文本编辑应用的兴趣。

实训项目

- 制作青山别墅网页；
- 制作机电设备网页；
- 制作摄影艺术网页。

任务 3.1　制作青山别墅网页

3.1.1　任务引入

青山地产是以"高起点、高质量、高规格"为理念的地产集团。现集团推出新型住宅（位于景区的园林住宅），需要制作页面进行宣传。本任务要求读者为其制作青山别墅网页，要求设计风格温馨，能够突出宣传主题，传达园林住宅的理念。

3.1.2　设计理念

该网页使用建筑图片作为主图，可以点明宣传主题；青山、绿树的背景突出了园林住宅特色，强调与大自然的亲密关系；右上方简洁的导航栏既可作为画面的点缀，也便于用户浏览。最终效果参看云盘中的"Ch03 > 效果 > 3.1 制作青山别墅网页 > index.html"文件，如图3-1所示。

制作育山青山
别墅网页

图 3-1

3.1.3　任务知识：输入文本、设置页边距

① 输入文本

使用 Dreamweaver CC 2019 编辑网页时，在文档编辑窗口中光标默认为显示状态。要添加文本，应先将光标移动到文档编辑窗口中的编辑区域，然后直接输入文本。打开一个页面，在页面中单击，将光标置于其中，然后输入文本，如图3-2所示。

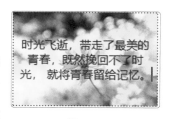

图 3-2

提示　除了直接输入文本外，也可复制其他文档中的文本，再将其粘贴到 Dreamweaver CC 2019 中。需要注意的是，粘贴文本到 Dreamweaver CC 2019 的文档编辑窗口中时，系统不会保留原有的格式，但是会保留原来文本中的段落。

2 设置文本属性

利用文本的"属性"面板可以方便地修改选中文本的字体、字号、样式、对齐方式等，以获得想要的效果。

选择"窗口 > 属性"命令，弹出"属性"面板，在"HTML"和"CSS"选项卡中都可以设置文本的属性，如图 3-3 和图 3-4 所示。

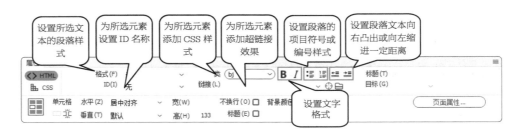

图 3-3

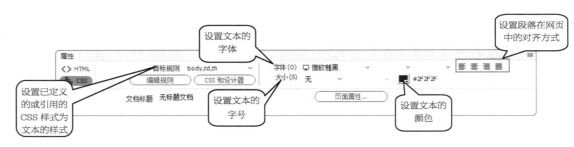

图 3-4

3 输入多个连续的空格

在默认状态下，Dreamweaver CC 2019 只允许用户一次输入一个空格，若要输入多个连续的空格，则需要进行设置或通过特定操作才能实现。

◎ 设置"首选项"对话框

（1）选择"编辑 > 首选项"命令，或按 Ctrl+U 组合键，弹出"首选项"对话框，如图 3-5 所示。

（2）在"首选项"对话框左侧的"分类"列表中选择"常规"选项，在右侧的"编辑选项"选项组中勾选"允许多个连续的空格"复选框，单击"应用"按钮，单击"关闭"按钮。此时，用户可连续按 Space 键在文档编辑窗口内输入多个空格。

◎ 直接插入多个连续的空格

在 Dreamweaver CC 2019 中直接插入多个连续的空格有以下 3 种方法。

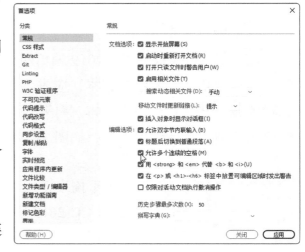

图 3-5

- 单击"插入"面板"HTML"选项卡中的"不换行空格"按钮 ⤓。
- 选择"插入 > HTML > 不换行空格"命令，或按 Ctrl+Shift+Space 组合键。
- 将输入法转换到中文全角状态下。

④ 设置是否显示不可见元素

在网页的"设计"视图中，有一些元素仅用来标记该元素的位置，而在浏览器中是不可见的。例如，脚本图标用来标记文档正文中 JavaScript 或 VBScript 代码的位置，换行符图标用来标记每个换行符的位置等。在设计网页时，为了快速找到这些不可见元素，常常需要改变这些元素在"设计"视图中的可见性。

显示或隐藏某些不可见元素的具体操作步骤如下。

（1）选择"编辑 > 首选项"命令，弹出"首选项"对话框。

（2）在"首选项"对话框左侧的"分类"列表中选择"不可见元素"选项，根据需要勾选或取消勾选右侧的多个复选框，以显示或隐藏不可见元素，如图 3-6 所示。单击"应用"按钮，单击"关闭"按钮。

最常用的不可见元素是换行符、脚本、命名锚记、AP 元素的锚点和表单隐藏区域，一般将它们设为可见。

细心的读者可能会发现，虽然在"首选项"对话框中设置了某些不可见元素为显示状态，但在网页的"设计"视图中仍看不见这些不可见元素。为了解决这个问题，还必须选择"查看 > 设计视图选项 > 可视化助理 > 不可见元素"命令。选择"不可见元素"命令后，效果如图 3-7 所示。

图 3-6

图 3-7

要在网页中添加换行符，不能只按 Enter 键，而要按 Shift+Enter 组合键。

提示

⑤ 设置页边距

正文与纸、页面的四周的距离叫作页边距。在默认状态下，文档的上、下、左、右边距不为 0。

修改网页页边距的具体操作步骤如下。

（1）选择"文件 > 页面属性"命令，弹出"页面属性"对话框，如图 3-8 所示。

提示　　如果在"页面属性"对话框中的"分类"列表中选择"外观（HTML）"选项，"页面属性"对话框右侧显示的内容将发生改变。

（2）在对话框中的"分类"列表中选择"外观（HTML）"选项，根据需要在对话框的"左边距""上边距""边距宽度""边距高度"数值文本框中输入相应的数值即可。这些选项的含义如图 3-9 所示。

图 3-8

图 3-9

⑥ 设置网页的标题

网页的标题可以提示浏览者所查看网页的内容。注意，网页的文件名是通过保存文件命令保存的网页文件的名称，而网页的标题是浏览者在浏览网页时浏览器标题栏中显示的信息。

更改网页标题的具体操作步骤如下。

（1）选择"文件 > 页面属性"命令，弹出"页面属性"对话框。

（2）在对话框左侧的"分类"列表中选择"标题 / 编码"选项，在右侧的"标题"文本框中输入网页标题，如图 3-10 所示。单击"确定"按钮，完成设置。也可在"属性"面板的"文档标题"文本框中直接输入网页标题。

图 3-10

7 设置网页的默认格式

用户在制作新网页时，系统提供的页面都有一些默认的属性，如网页的标题、网页边界、文字编码、文字颜色和超链接的颜色等。若要修改默认的属性，可选择"文件 > 页面属性"命令，在弹出的"页面属性"对话框中进行设置。对话框中各选项的作用如图3-11所示。

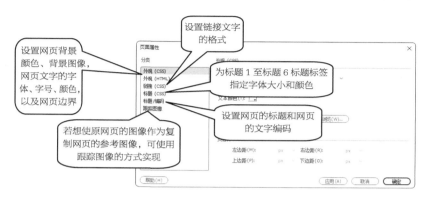

图 3-11

3.1.4 任务实施

1 设置页面属性

（1）选择"文件 > 打开"命令，在弹出的"打开"对话框中，选择云盘中的"Ch03 > 素材 > 3.1 制作青山别墅网页 > index.html"文件，单击"打开"按钮打开文件，如图 3-12 所示。

（2）选择"文件 > 页面属性"命令，弹出"页面属性"对话框。在左侧的"分类"列表中选择"外观（CSS）"选项，在对话框的右侧将"大小"选项设为 12 px，"文本颜色"选项设为白色（#FFFFFF），"左边距""右边距""上边距""下边距"选项均设为 0 px，如图 3-13 所示。

图 3-12

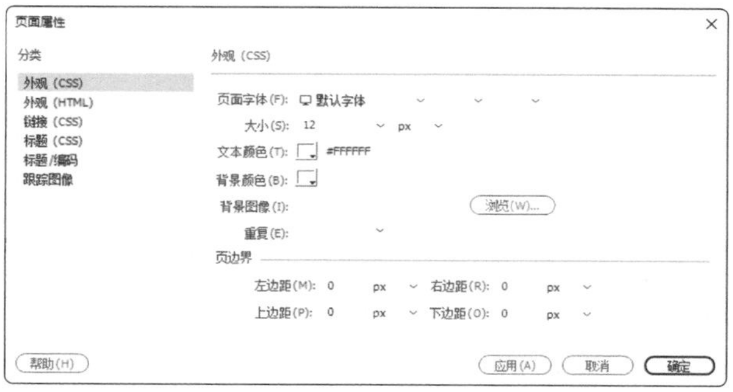

图 3-13

（3）在左侧的"分类"列表中选择"标题 / 编码"选项，在右侧的"标题"文本框中输入"青山别墅网页"，如图 3-14 所示。单击"确定"按钮，完成页面属性的修改，效果如图 3-15 所示。

图 3-14

图 3-15

❷ 输入多个连续的空格和文字

（1）选择"编辑 > 首选项"命令，打开"首选项"对话框，在左侧的"分类"列表中选择"常规"选项，在右侧的"编辑选项"选项组中勾选"允许多个连续的空格"复选框，如图 3-16 所示。单击"应用"按钮，单击"关闭"按钮。

（2）将光标置入图 3-17 所示的单元格中。在光标所在的位置输入文本"首页"，如图 3-18 所示。按 6 次 Space 键，输入连续的空格，如图 3-19 所示。在光标所在的位置输入文本"关于我们"，如图 3-20所示。

图 3-16

图 3-17

图 3-18

图 3-19

图 3-20

（3）用相同的方法输入其他文本，如图 3-21 所示。保存文档，按 F12 键预览效果，如图 3-22 所示。

图 3-21

图 3-22

3.1.5　扩展实践：制作有机果蔬网页

在"页面属性"对话框中设置页面外观、网页标题效果；在"首选项"对话框中设置允许输入多个连续的空格；在"CSS 设计器"面板中设置文字的字体、大小和行距。最终效果参看云盘中的"Ch03 > 效果 > 3.1.5 扩展实践：制作有机果蔬网页 > index.html"文件，如图 3-23 所示。

制作有机果蔬网页

图 3-23

任务 3.2　制作机电设备网页

3.2.1　任务引入

制作机电设备网页

机电设备是一家开关插座制造商，主要产品包括开关插座、专业转换器等，致力于为顾客提供更优质的产品、服务和更安全的用电环境。本任务要求读者为其重点产品制作网页，要求设计表现出品牌特点和产品特色。

3.2.2　设计理念

该网页的背景使用清新淡雅的颜色，使人感到舒适、愉悦；将重点产品照片作为配图，体现出公司的主营业务，强化了宣传主题；分类清晰的简介文字使用户一目了然；整个网页整洁大方，符合行业特点。最终效果参看云盘中的"Ch03 > 效果 > 3.2 制作机电设备网页 > index.html"文件，如图 3-24 所示。

图 3-24

3.2.3　任务知识：改变文本大小、颜色、字体

❶ 改变文本的大小

Dreamweaver CC 2019 提供了两种改变文本大小的方法，一种是设置文本的默认大小，另一种是设置选中文本的大小。

◎ 设置文本的默认大小

（1）选择"文件 > 页面属性"命令，弹出"页面属性"对话框。

（2）在"页面属性"对话框左侧的"分类"列表中选择"外观（CSS）"选项，在右侧的"大小"下拉列表中根据需要选择文本的大小，如图 3-25 所示。单击"确定"按钮完成设置。

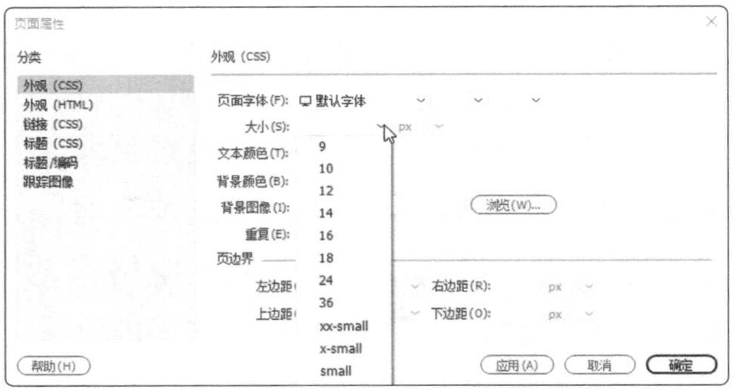

图 3-25

◎ 设置选中文本的大小

在 Dreamweaver CC 2019 中，可以通过"属性"面板设置选中文本的大小，具体操作步骤如下。

（1）在文档编辑窗口中选中文本。

（2）在"属性"面板中，打开"大小"下拉列表，从中选择需要的值，如图 3-26 所示。

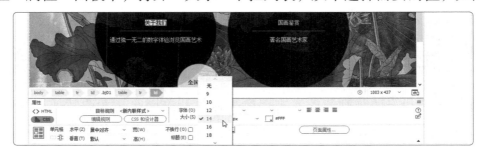

图 3-26

❷ 改变文本的颜色

丰富的视觉色彩可以吸引网页浏览者的注意力，网页中文本的颜色不仅可以是黑色，还可以是其他色彩。颜色的种类与用户显示器的分辨率和颜色值有关，建议在 216 种网页颜色中选择文字的颜色。

Dreamweaver CC 2019 提供了两种改变文本颜色的方法，具体如下所示。

◎ 设置文本的默认颜色

（1）选择"文件 > 页面属性"命令，弹出"页面属性"对话框。

（2）在左侧的"分类"列表中选择"外观（CSS）"选项，在右侧的"文本颜色"选项中选择具体的文本颜色，如图 3-27 所示。单击"确定"按钮完成设置。

◎ 设置选中文本的颜色

（1）在文档编辑窗口中选中文本。

（2）单击"属性"面板中的"color"按钮[□]，在弹出的面板中选择需要的颜色，如图 3-28 所示。

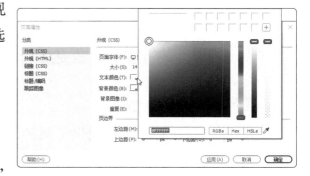

图 3-27

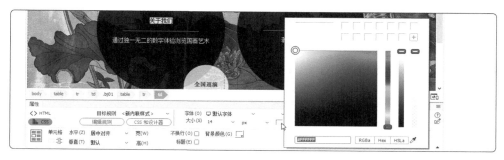

图 3-28

❸ 改变文本的字体

Dreamweaver CC 2019 提供了两种改变文本字体的方法，一种是设置文本的默认字体，另一种是设置选中文本的字体。

◎ 设置文本的默认字体

（1）选择"文件 > 页面属性"命令，弹出"页面属性"对话框。

（2）在左侧的"分类"列表中选择"外观（CSS）"选项，在右侧打开"页面字体"下拉列表，如果列表中有合适的字体组合，可直接选择该字体组合，如图 3-29 所示；否则，需选择"管理字体"选项，在弹出

图 3-29

的"管理字体"对话框中选择"自定义字体堆栈"选项卡，在其中自定义字体组合，方法如下。

单击 ➕ 按钮，在"可用字体"列表中选择需要的字体，然后单击 ⟨⟨ 按钮，将其添加到"字体列表"中，如图 3-30 和图 3-31 所示。在"可用字体"列表中选中另一种字体，单击 ⟨⟨ 按钮，在"字体列表"中建立字体组合。单击"确定"按钮完成设置。

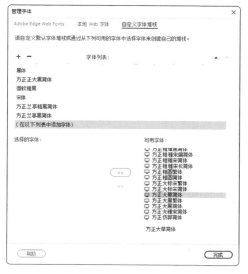

图 3-30

图 3-31

回到"页面属性"对话框，在"页面字体"下拉列表中选择刚建立的字体组合作为文本的默认字体。

◎ 设置选中文本的字体

为了将不同的文本设置不同的字体，Dreamweaver CC 2019 提供了两种改变选中文本字体的方法。

● 通过"属性"面板设置选中文本的字体

（1）在文档编辑窗口中选中文本。

（2）在"属性"面板的"字体"下拉列表中选择相应的字体，如图 3-32 所示。

图 3-32

● 通过"字体"命令设置选中文本的字体

（1）在文档编辑窗口中选中文本。

（2）单击鼠标右键，在弹出的菜单中选择"字体"命令，在子菜单中选择相应的字体，如图 3-33 所示。

图 3-33

④ 改变文本的对齐方式

文本的对齐方式是指文字相对于文档编辑窗口或浏览器窗口在水平方向上的对齐方式。

◎ 通过对齐按钮改变文本的对齐方式

（1）将光标放在文本中，或者选中段落。

（2）在"属性"面板中单击相应的对齐按钮，如图 3-34 所示。

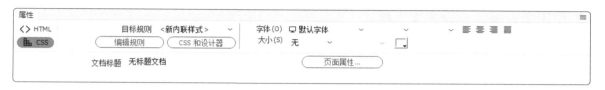

图 3-34

对段落文本的对齐操作，实际上是对 <p> 标签的 align 属性的设置。align 属性有 3 种取值，其中 left 表示左对齐，center 表示居中对齐，right 表示右对齐。例如，下面的 3 条语句分别设置了段落的左对齐、居中对齐和右对齐方式，效果如图 3-35 所示。

图 3-35

 左对齐

 居中对齐

 右对齐

⑤ 设置文本样式

文本样式是指字符的外观显示形式，如加粗、倾斜和加下划线等。

◎ 通过"样式"命令设置文本样式

（1）在文档编辑窗口中选中文本。

（2）选择"编辑 > 文本"命令，在弹出的子菜单中选择相应的命令，如图 3-36 所示。

选择命令后，即可为选中的文本设置相应的文本样式，被选中的菜单命令左侧会出现选中标记✓。

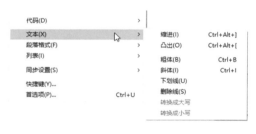

图 3-36

提示

如果希望取消设置的文本样式，可以选择"编辑 > 文本"命令，在弹出的子菜单中取消对该菜单命令的选择。

◎ 通过"属性"面板设置文本样式

（1）在文档编辑窗口中选中文本。

（2）单击"属性"面板中的"粗体"按钮 **B** 和"斜体"按钮 *I*，可快速设置文本的样式，如图 3-37 所示。如果要取消粗体或斜体样式，再次单击相应的按钮即可。

图 3-37

◎ 使用组合键快速设置文本样式

按 Ctrl+B 组合键，可以将选中的文本加粗；按 Ctrl+I 组合键，可以将选中的文本倾斜。

提示　　　　再次按相应的组合键，则可取消设置的文本样式。

6 设置段落格式

在文档编辑窗口中，输入一段文本后按 Enter 键，这段文本就会作为一个段落显示在
\<p\>…\</p\> 标签中。

◎ 通过"属性"面板应用段落格式

（1）将光标放在段落中，或者选中段落中的文本。

（2）在"属性"面板的"格式"下拉列表中选择相应的段落格式，如图 3-38 所示。

◎ 通过"段落格式"命令应用段落格式

（1）将光标放在段落中，或者选中段落中的文本。

（2）选择"编辑＞段落格式"命令，弹出其子菜单，如图 3-39 所示，选择相应的段落格式。

图 3-38　　　　　　　　　　　　　　　　　　　　　图 3-39

提示　　　　若想去除文字的格式，可按上述方法将"格式"或"段落格式"设为
"无"。

7 设置无序列表或编号列表

◎ 通过"无序列表"按钮 ⫶≡ 或"编号列表"按钮 ⦂≡ 设置项目符号或编号

（1）选中段落。

（2）在"属性"面板中单击"无序列表"按钮 ⫶≡ 或"编号列表"按钮 ⦂≡，为文本添加
项目符号或编号。设置了项目符号和编号的段落效果如图 3-40 所示。

◎ 通过"列表"命令设置项目符号或编号

（1）选中段落。

（2）选择"编辑＞列表"命令，弹出其子菜单，选择"无序列表"或"有序列表"命令，如图3-41所示。

图 3-40　　　　　　　　　　　　图 3-41

8 **修改无序列表或编号列表**

（1）将光标放在要设置项目符号或编号的文本中。

（2）可以通过以下两种方法打开"列表属性"对话框。

● 单击"属性"面板中的"列表项目"按钮。

● 选择"编辑＞列表＞属性"命令。

（3）在"列表属性"对话框中，先设置"列表类型"，确认是要修改为无序列表还是编号列表，如图3-42所示。然后在"样式"下拉列表中选择相应的无序列表或编号列表的样式，如图3-43所示。单击"确定"按钮完成设置。

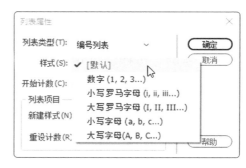

图 3-42　　　　　　　　　　　　图 3-43

9 **设置文本缩进格式**

设置文本缩进格式有以下 3 种方法。

● 在"属性"面板中单击"内缩区块"按钮 ≝ 或"删除内缩区块"按钮 ≝ ，可使段落向右移动或向左移动。

● 选择"编辑＞文本＞缩进"或"编辑＞文本＞凸出"命令，可使段落向右移动或向左移动。

● 按 Ctrl+Alt+] 组合键或 Ctrl+Alt+ [组合键，可使段落向右移动或向左移动。

10 插入日期

图 3-44

（1）在文档编辑窗口中，将光标放置在想要插入日期的位置。

（2）可以通过以下两种方法打开"插入日期"对话框，如图 3-44 所示。

● 单击"插入"面板"HTML"选项卡中的"日期"按钮 。

● 选择"插入 > HTML > 日期"命令。

"插入日期"对话框中包含"星期格式""日期格式""时间格式"3 个选项和"储存时自动更新"复选框。上面 3 个选项用于设置星期、日期和时间的显示格式。下方的复选框用于设置是否按系统当前时间显示日期时间，若勾选此复选框，则显示当前的日期时间，否则仅按创建网页时的设置显示日期时间。

（3）选择相应的日期和时间格式，单击"确定"按钮完成设置。

11 插入特殊字符

在网页中插入特殊字符有以下两种方法。

● 选择"插入 > HTML > 字符"命令，弹出其子菜单，如图 3-45 所示，选择需要的字符命令。

● 单击"插入"面板"HTML"选项卡中的"字符"展开式按钮 ，弹出下拉列表，其中包含 12 个特殊字符按钮，如图 3-46 所示。在其中单击需要的特殊字符按钮，即可将其插入。

"其他字符"按钮 ：单击此按钮，在弹出的"插入其他字符"对话框中单击需要的字符按钮，该字符的代码就会出现在"插入"文本框中（也可以直接在该文本框中输入字符代码），单击"确定"按钮，即可将字符插入文档，如图 3-47 所示。

12 插入换行符

为段落添加换行符有以下 3 种方法。

● 单击"插入"面板"HTML"选项卡中的"字符"展开式按钮 ，单击"换行符"按钮 ，如图 3-48 所示。

图 3-45

图 3-46

图 3-47

图 3-48

● 按 Shift+Enter 组合键。

● 选择"插入 > HTML > 字符 > 换行符"命令。

在文档中插入换行符的具体操作步骤如下。

（1）打开一个网页文件，输入一段文本，如图 3-49 所示。

（2）按 Shift+Enter 组合键插入一个换行符，光标也跳到下一个段落，如图 3-50 所示。输入文本，如图 3-51 所示。

（3）使用相同的方法插入换行符和输入文本，效果如图 3-52 所示。

图 3-49　　　　　　图 3-50　　　　　　图 3-51　　　　　　图 3-52

3.2.4　任务实施

1　添加字体

（1）选择"文件 > 打开"命令，在弹出的"打开"对话框中，选择云盘中的"Ch03 > 素材 > 3.2 制作机电设备网页 > index.html"文件，单击"打开"按钮打开文件，如图 3-53 所示。

（2）在"属性"面板中的"字体"下拉列表中选择"管理字体"选项，如图 3-54 所示。弹出"管理字体"对话框，选择"自定义字体堆栈"选项卡，在"可用字体"列表中选择需要的字体，如图 3-55 所示。单击 << 按钮，将其添加到"字体列表"中，如图 3-56 所示。

（3）单击"字体列表"左上方的 + 按钮，在"字体列表"中添加一个字体组；在"可用字体"列表中选择需要的字体，单击 << 按钮，将其添加到"字体列表"中，如图 3-57 所示。单击"完成"按钮关闭对话框。

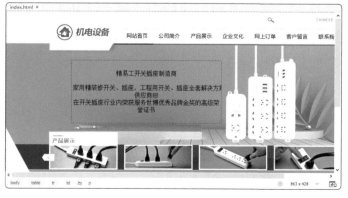

图 3-53

图 3-54

图 3-55

图 3-56

图 3-57

2 改变文字外观

（1）选择"窗口＞CSS 设计器"命令，弹出"CSS 设计器"面板，如图 3-58 所示。在"源"选项组中选择"＜style＞"选项，如图 3-59 所示。单击"选择器"选项组中的"添加选择器"按钮 **+**，在"选择器"选项组的文本框中输入".text"。按 Enter 键确认，效果如图 3-60 所示。

图 3-58

图 3-59

图 3-60

（2）选中图 3-61 所示的文字，在"属性"面板"目标规则"下拉列表中选择".text"选项，应用该样式。在"字体"下拉列表中选择"方正兰亭粗黑简体"，将"大小"选项设为 34 px；单击"color"按钮 □，在弹出的颜色面板中选择需要的颜色，如图 3-62 所示。在空白处单击，关闭颜色面板，此时的"属性"面板如图 3-63 所示。效果如图 3-64 所示。

图 3-61

图 3-62

图 3-63　　　　　　　　　　　　　　　　　图 3-64

（3）在"CSS 设计器"面板中，单击"选择器"选项组中的"添加选择器"按钮+，在"选择器"选项组的文本框中输入".text1"，按 Enter 键确认，效果如图 3-65 所示。在"属性"选项组中单击"文本"按钮 T，切换到文本属性，将"color"设为白色，"font-family"设为"方正兰亭黑简体"，"font-size"设为 12 px，"line-height"设为 20 px，如图 3-66 所示。

图 3-65　　　　　　　　　　　　　　　　　图 3-66

（4）选中图 3-67 所示的文本，在"属性"面板的"类"下拉列表中选择".text1"选项，应用该样式，效果如图 3-68 所示。

图 3-67　　　　　　　　　　　　　　　　　图 3-68

（5）保存文档，按 F12 键预览效果，如图 3-69 所示。

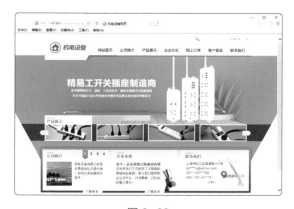

图 3-69

3.2.5　扩展实践：制作电器城网页

单击"属性"面板中的"编号列表"按钮 ，创建列表；在"CSS设计器"面板中设置列表的样式。最终效果参看云盘中的"Ch03 > 效果 > 3.2.5 扩展实践：制作电器城网页 > index.html"文件，如图3-70所示。

制作电器城网页

图 3–70

任务 3.3　制作摄影艺术网页

制作摄影艺术网页

3.3.1　任务引入

画意摄影是一个提供正版艺术照片素材下载的摄影艺术网站，现网站要更新网页内容。本任务要求读者为其制作摄影艺术网页，要求设计体现出网站特色。

3.3.2　设计理念

该网页将各具特色的摄影作品作为主要内容，突出网站的特色；模块化的照片组合布局合理，方便用户浏览；随用户选择将照片放大显示的背景设置具有创意，令人印象深刻。最终效果参看云盘中的"Ch03 > 效果 > 3.3 制作摄影艺术网页 > index.html"文件，如图3-71所示。

图 3–71

3.3.3　任务知识：水平线、标尺

① 水平线

水平线可以将文字、图像、表格等对象在视觉上分隔开。一个内容繁杂的文档，如果在其中合理地放置几条水平线，就会变得层次分明，便于阅读。下面介绍创建、修改水平线，以及显示、修改标尺的方法。

◎ 创建水平线

创建水平线有以下两种方法。

● 单击"插入"面板"HTML"选项卡中的"水平线"按钮 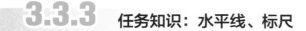。

● 选择"插入 > HTML > 水平线"命令。

◎ 修改水平线

在文档编辑窗口中选中水平线，选择"窗口 > 属性"命令，弹出"属性"面板，在其中根据需要对水平线的属性进行修改，如图 3-72 所示。

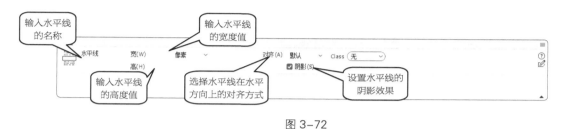

图 3-72

② 标尺

标尺显示在文档编辑窗口中页面的上方和左侧，用来标记网页元素的位置。标尺的单位包含像素、英寸和厘米。

◎ 在文档编辑窗口中显示标尺

选择"查看 > 设计视图选项 > 标尺 > 显示"命令，或按 Alt+F11 组合键，此时标尺处于显示状态，如图 3-73 所示。

◎ 改变标尺的单位

在文档编辑窗口的标尺刻度上单击鼠标右键，在弹出的快捷菜单中选择需要的单位，如图 3-74 所示。

图 3-73

图 3-74

◎ 改变标尺的坐标原点

单击文档编辑窗口左上方标尺的交叉点，鼠标指针变为"+"形状，按住鼠标左键向右下方拖曳鼠标，如图 3-75 所示。在要设置新的坐标原点的地方松开鼠标左键，坐标原点将随之改变，如图 3-76 所示。

◎ 重置标尺的坐标原点

选择"查看 > 设计视图选项 > 标尺 > 重设原点"命令，即将坐标原点的坐标还原成（0，0），如图 3-77 所示。

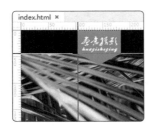

图 3-75　　　　　　　　　　　图 3-76　　　　　　　　　　　　图 3-77

　　　　　若想使坐标原点回到初始位置，还可以通过双击文档编辑窗口左上方的标尺交叉点实现。

提示

3.3.4　任务实施

　　（1）选择"文件 > 打开"命令，在弹出的"打开"对话框中选择云盘中的"Ch03 > 素材 > 3.3 制作摄影艺术网页 > index.html"文件，单击"打开"按钮打开文件，如图 3-78 所示。

图 3-78

　　（2）将光标置入图 3-79 所示的文本框中。选择"插入 > HTML > 水平线"命令，在该文本框中插入水平线，效果如图 3-80 所示。

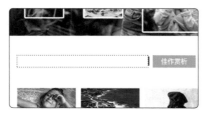

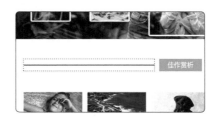

图 3-79　　　　　　　　　　　　　　　　　图 3-80

（3）选中水平线，在"属性"面板中，将"高"选项设为1，取消勾选"阴影"复选框，如图 3-81 所示。水平线效果如图 3-82 所示。

图 3-81

图 3-82

（4）选中水平线，单击文档编辑窗口上方的"拆分"按钮，在"拆分"视图中的"noshade"代码后面置入光标，按 Space 键，会弹出该标签的属性参数列表，在其中选择属性"color"，如图 3-83 所示。

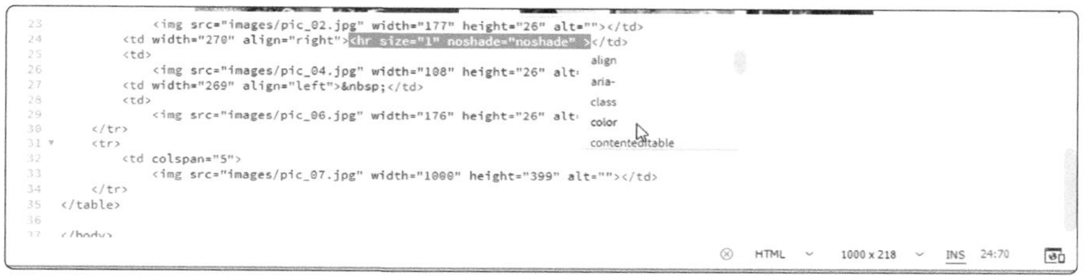

图 3-83

（5）选择"color"属性后，单击弹出的"Color Picker"属性，如图 3-84 所示。在弹出的颜色混合器中选择颜色，标签效果如图 3-85 所示。

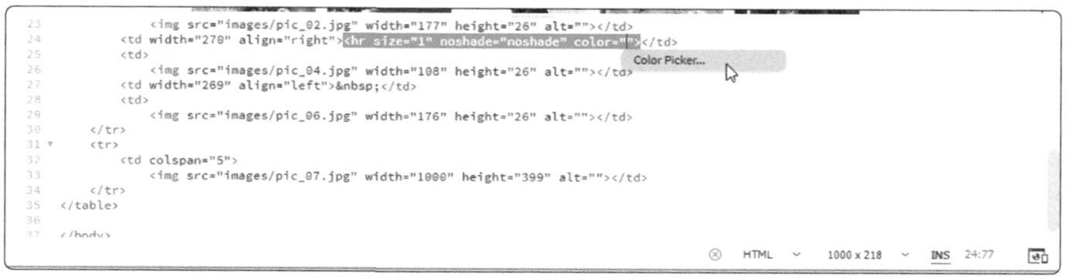

图 3-84

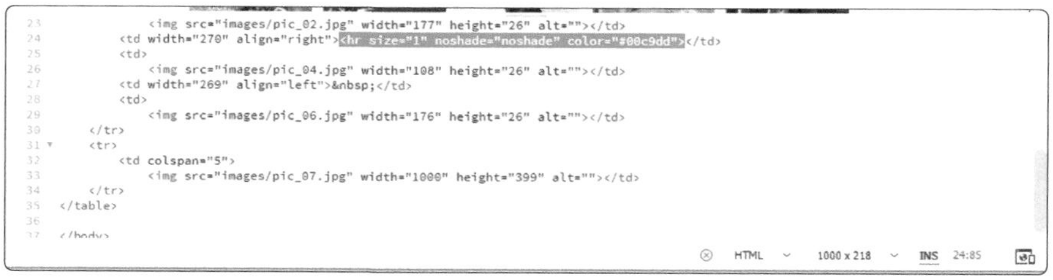

图 3-85

（6）用上述方法制作出图 3-86 所示的效果。

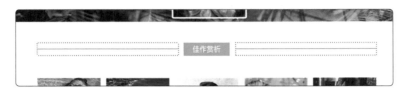

图 3-86

（7）水平线的颜色不能在 Dreamweaver CC 2019 界面中确认。保存文档，按 F12 键预览效果，如图 3-87 所示。

图 3-87

3.3.5 扩展实践：制作休闲度假村网页

使用"水平线"命令，在文档中插入水平线；在"属性"面板中取消水平线的阴影；通过代码改变水平线的颜色。最终效果参看云盘中的"Ch03 > 效果 > 3.3.5 扩展实践：制作休闲度假村网页 > index.html"文件，如图 3-88 所示。

制作休闲度假村
网页

图 3-88

任务 3.4　　项目演练：制作国画展览馆网页

3.4.1　任务引入

国画展览馆是专门收藏优秀国画作品并定期进行展示的场所，本任务要求读者为其制作宣传网页，要求设计体现出国画的艺术性，以及展览馆的特色。

3.4.2　设计理念

该网页背景采用国画图片，使整个页面看起来典雅舒适；白色的导航设计干净、清爽，既方便浏览者查阅，又不喧宾夺主；圆形的重点栏目设置，增加了画面的灵动感；网页整体设计风格简约、大气，突出了国画的艺术性。最终效果参看云盘中的"Ch03 > 效果 > 3.4 制作国画展览馆网页 > index.html"文件，如图 3-89 所示。

制作国画展览馆
网页

图 3-89

项目4

熟练使用素材
——图像和多媒体

04

图像在网页中起着非常重要的作用，适当地添加图像可以使网页更加美观、形象生动，更能引起浏览者的阅读兴趣。"媒体"指信息的载体，而"多媒体"指多种媒体的综合使用，包括文字、图形、动画、音频和视频等。通过本项目的学习，读者可以掌握在网页中添加并编辑多媒体文件的方法和技巧

学习引导

知识目标
- 掌握素材的格式；
- 了解多媒体的应用。

能力目标
- 熟练掌握图像的插入及属性；
- 掌握多媒体在网页中的应用。

素养目标
- 培养对网页图像的应用兴趣。

实训项目
- 制作蛋糕店网页；
- 制作绿色农场网页。

任务 4.1　制作蛋糕店网页

制作蛋糕店网页

4.1.1　任务引入

美食来了是一家蛋糕店，主要销售蛋糕、咖啡、三明治等商品。现公司推出新的甜品——纸杯蛋糕，需要制作网页进行宣传。本任务要求读者为其制作产品网页，重点宣传纸杯蛋糕的特点和品牌特色。

4.1.2　设计理念

该网页使用重点产品的特写照片作为主图，突出了宣传主题；背景采用粉色，营造出甜蜜、浪漫的氛围；页面上方的遮阳篷设计与导航栏中的糕点图标使页面更生动可爱，符合蛋糕店的特色。最终效果参看云盘中的"Ch04 > 效果 > 4.1 制作蛋糕店网页 > index.html"文件，如图 4-1 所示。

图 4-1

4.1.3　任务知识：插入图像、设置图像属性

❶ 网页中的图像格式

网页中经常使用 JPEG、GIF、PNG 这 3 种格式的图像文件，但大多数浏览器只支持 JPEG、GIF 两种图像格式。为了保证浏览器加载网页的速度，所以目前网站设计者也主要使用 JPEG 和 GIF 这两种格式的图像。

◎ GIF

GIF 是目前网络中最常见的图像格式，具有如下特点。

● 最多可以显示 256 种颜色。因此，它最适合显示色调不连续或具有大面积单一颜色的图像，如导航条、按钮、图标、徽标或其他具有统一色彩和色调的图像。

● 使用无损压缩方案。图像在压缩后不会丢失细节。

● 支持透明的背景。可以创建带有透明区域的图像。

● 是交织文件格式。在浏览器加载完图像之前，浏览者可看到图像。

● 通用性好。几乎所有的浏览器都支持 GIF 图像格式，并且有许多免费软件支持对 GIF 图像文件的编辑。

◎ JPEG

JPEG 是一种"有损耗"压缩的图像格式，具有如下特点。

● 具有丰富的色彩。最多可以显示 1670 万种颜色。

● 使用有损压缩方案。图像在压缩后会丢失细节。

● JPEG 格式的图像比 GIF 格式的图像小，下载速度更快。

● 图像边缘的细节丢失严重，所以不适合包含对比鲜明的图案或文本。

◎ PNG

PNG 是专门为网络准备的图像格式，具有如下特点。

● 使用新型的无损压缩方案。图像在压缩后不会丢失细节。

● 具有丰富的色彩。最多可以显示 1670 万种颜色。

● 通用性差。IE 4.0 或更高版本和 Netscape 4.04 或更高版本的浏览器都只能部分支持 PNG 图像的显示。因此，现阶段只有在为特定的目标用户进行设计时，才使用 PNG 格式的图像。

2 插入图像

若要在 Dreamweaver CC 2019 文档中插入图像，则该图像必须位于本地站点文件夹内或远程站点文件夹内，否则不能正确显示。所以在建立站点时，网站设计者常常会先创建一个名为"image"的文件夹，并将需要的图像复制到其中。

在网页中插入图像的具体操作步骤如下。

（1）在文档编辑窗口中，将光标放置在要插入图像的位置。

（2）可以通过以下 3 种方法打开"选择图像源文件"对话框，如图 4-2 所示。

图 4-2

● 单击"插入"面板"HTML"选项卡中的"Image"按钮 ▣ 。

● 选择"插入 > Image"命令。

● 按 Ctrl+Alt+I 组合键。

在该对话框中选择图像文件，单击"确定"按钮，即可插入指定的图像。

3 设置图像属性

插入图像后，"属性"面板中将显示该图像的属性，如图 4-3 所示。下面介绍各选项的含义。

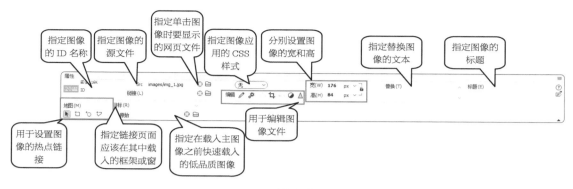

图 4-3

④ 给图像添加文字说明

当图像不能在浏览器中正常显示时，网页中图像所占区域就会变成空白区域，如图4-4所示。

图 4-4

为了让浏览者在图像不能正常显示时也能了解图像的信息，可以为网页中的图像设置"替换"属性，即将图像的说明文字输入"替换"文本框中，如图4-5所示。这样当图像不能正常显示时，效果如图4-6所示。

图 4-5

图 4-6

4.1.4　任务实施

（1）选择"文件 > 打开"命令，在弹出的"打开"对话框中，选择云盘中的"Ch04 > 素材 > 4.1 制作蛋糕店网页 > index. html"文件，单击"打开"按钮打开文件，如图4-7所示。将光标置入图4-8所示的单元格中。

图 4-7   图 4-8

（2）单击"插入"面板"HTML"选项卡中的"Image"按钮，在弹出的"选择图像源文件"对话框中，选择云盘中的"Ch04 > 素材 > 4.1 制作蛋糕店网页 > images > img01.jpg"文件，单击"确定"按钮，完成图片的插入，如图 4-9 所示。

（3）使用相同的方法将云盘中的"Ch04 > 素材 > 4.1 制作蛋糕店网页 > images > img02.jpg"文件插入该单元格，效果如图 4-10 所示。

（4）使用相同的方法，将"img03.jpg"图片插入该单元格，效果如图 4-11 所示。

图 4-9   图 4-10   图 4-11

（5）选择"窗口 > CSS 设计器"命令，弹出"CSS 设计器"面板。单击"源"选项组中的"添加 CSS 源"按钮 ＋，在弹出的菜单中选择"在页面中定义"命令，在"源"选项组中添加"<style>"选项，如图 4-12 所示。单击"选择器"选项组中的"添加选择器"按钮 ＋，在"选择器"选项组的文本框中输入".pic"，按 Enter 键确认，如图 4-13 所示。

（6）单击"属性"选项组中的"布局"按钮，切换到布局属性。将"margin-left"选项和"margin-right"选项均设为 20 px，如图 4-14 所示。

图 4-12   图 4-13   图 4-14

（7）选中图 4-15 所示的图片，在"属性"面板的"无"下拉列表中选择".pic"选项，应用该样式，效果如图 4-16 所示。

图 4-15　　　　　　　　　　　　　　　　　图 4-16

（8）保存文档，按 F12 键预览效果，如图 4-17 所示。

图 4-17

4.1.5　扩展实践：制作环球旅游网页

使用"Image"按钮插入图像；在"CSS 设计器"面板中设置图像之间的距离。最终效果参看云盘中的"Ch04 > 效果 > 4.1 扩展实践：制作环球旅游网页 > index.html"文件，如图 4-18 所示。

制作环球旅游网页

图 4-18

任务 4.2   制作绿色农场网页

4.2.1   任务引入

绿色农场是一个以"绿色农场 生态养殖"为经营理念的养殖基地，致力于为消费者提供品种多样、绿色健康的食物。本任务要求读者为其制作绿色农场网页，要求设计体现出基地的养殖理念和特色。

4.2.2   设计理念

该网页使用基地实景照片作为主图，自然风光突出了绿色、健康的产品主题，增加了顾客的信赖度；网页整体色调清爽怡人，版面干净，符合基地的特色。最终效果参看云盘中的"Ch04 > 效果 > 4.2 制作绿色农场网页 > index.html"文件，如图 4-19 所示。

图 4-19

4.2.3   任务知识：插入动画、视频

❶ 插入 Flash 动画

Dreamweaver CC 2019 提供了插入 Flash 动画的功能，但插入时要注意 Flash 动画的格式。例如，Flash 源文件（FLA）格式的文件不能在浏览器中显示；SWF 格式的文件是 Flash 动画的压缩格式，可以在浏览器中显示。

在网页中插入 Flash 动画的具体操作步骤如下。

（1）在文档编辑窗口的"设计"视图中，将光标放置在想要插入 Flash 动画的位置。

（2）可以通过以下 3 种方法打开"选择 SWF"对话框。

● 单击"插入"面板"HTML"选项卡中的"Flash SWF"按钮 📄 。

● 选择"插入 > HTML > Flash SWF"命令。

● 按 Ctrl+Alt+F 组合键。

（3）在"选择 SWF"对话框中选择一个扩展名为"swf"的文件，如图 4-20 所示，单击"确定"按钮。此时，Flash 占位符出现在文档编辑窗口中，如图 4-21 所示。

图 4-20   图 4-21

② 插入 FLV 文件

应用 Dreamweaver CC 2019 可以在网页中轻松地添加视频（FLV 文件），而无须使用 Flash 创作工具。注意，插入的 FLV 文件必须是经过编码的。

Dreamweaver CC 2019 提供了以下选项，用于将 FLV 文件传送给网站访问者。

● **"累进式下载视频"选项**：将 FLV 文件下载到网站访问者的硬盘上，并允许在下载完成之前就开始播放视频。

● **"流视频"选项**：对视频内容进行流式处理，并在可确保流畅播放的缓冲时间后播放该视频。若要在 Dreamweaver CC 2019 的网页上启用流视频，则必须具有访问 Adobe Flash Media Server 的权限，并且 FLV 文件必须经过编码。在 Dreamweaver CC 2019 中，可以插入使用以下两种编解码器（压缩 / 解压缩技术）创建的 FLV 文件：Sorenson Squeeze 和 On2。

与 SWF 文件一样，在插入 FLV 文件时，Dreamweaver CC 2019 将检测计算机是否拥有查看视频的正确版本的 Flash Player。如果计算机没有正确版本的 Flash Player，则页面将显示替代内容，提示用户下载最新版本的 Flash Player。

提示   若要查看 FLV 文件，用户的计算机上必须安装 Flash Player 8 或更高版本。如果用户没有安装所需版本的 Flash Player，但安装了 Flash Player 6.0 r65 或更高版本，则页面将显示 Flash Player 快速安装程序，而非替代内容。如果用户拒绝快速安装，则页面会显示替代内容。

插入 FLV 文件的具体操作步骤如下。

（1）在文档编辑窗口的"设计"视图中，将光标放置在想要插入 FLV 文件的位置。

（2）可以通过以下两种方法打开"插入 FLV"对话框，如图 4-22 所示。

● 单击"插入"面板"HTML"选项卡中的"Flash Video"按钮 ⒣。

● 选择"插入 > HTML > Flash Video"命令。

图 4-22

"视频类型"设置为"累进式下载视频"时，对话框中各选项的作用如下。

● **"URL"选项**：指定 FLV 文件的相对路径或绝对路径。

● **"外观"选项**：指定视频组件的外观。所选外观的预览效果会显示在下方。

● **"宽度"选项**：以像素为单位指定 FLV 文件的宽度。

● **"高度"选项**：以像素为单位指定 FLV 文件的高度。

　　　　　"包括外观"是 FLV 文件的宽度和高度与所设置外观的宽度和高度相加得出的值。

提示

● **"限制高宽比"复选框**：保持视频组件的宽度和高度之间的比例不变。默认情况下会勾选此复选框。

● **"自动播放"复选框**：指定在页面打开时是否播放视频。

● **"自动重新播放"复选框**：指定播放控件在视频播放完之后是否返回起始位置重新播放。

"视频类型"设置为"流视频"时，对话框中各选项的作用如下。

● **"服务器 URI"选项**：以 rtmp://www.example***.com/app_name/instance_name 的形式指定服务器名称、应用程序名称和实例名称。

● **"流名称"选项**：指定想要播放的 FLV 文件的名称（如 myvideo.flv）。扩展名"flv"是可选的。

● **"实时视频输入"复选框**：指定视频内容是否是实时的。如果勾选了"实时视频输入"复选框，则 Flash Player 将播放从 Flash Media Server 流入的实时视频。实时视频输入的名称是在"流名称"文本框中指定的名称。

　　　　　如果勾选了"实时视频输入"复选框，组件的外观只会显示音量控件，因为用户无法操纵实时视频。此外，"自动播放"和"自动重新播放"选项也不起作用了。

提示

● **"缓冲时间"选项**：指定在视频开始播放之前进行缓冲处理所需的时间（以 s 为单位）。默认的缓冲时间为 0，这样在单击"播放"按钮后视频会立即开始播放。（如果勾选了"自动播放"复选框，则在建立与服务器的连接后视频立即开始播放。）如果要发送的视频的比特率高于站点访问者的连接速度，或者 Internet 通信可能会导致带宽或连接问题，则可能需要设置缓冲时间。例如，如果要在网页播放视频之前将 15s 的视频发送到网页，请将缓冲时间设置为 15s。

（3）在对话框中根据需要进行设置。单击"确定"按钮，将
FLV 文件插入文档编辑窗口中，此时，FLV 占位符出现在文档编
辑窗口中，如图 4-23 所示。

图 4-23

③ 插入 Animate 作品

Animate 是 Adobe 公司推出的制作 HTML5 动画的可视化
工具，可以简单地将其理解为 HTML5 版本的 Flash Pro。在用
Dreamweaver CC 2019 制作的网页中同样可以插入用 Animate 制作
的作品。

在网页中插入 Animate 作品的具体操作步骤如下。

（1）在文档编辑窗口的"设计"视图中，将光标放置在想要插入 Animate 作品的位置。

（2）可以通过以下 3 种方法启用 Animate 功能。

● 单击"插入"面板"HTML"选项卡中的"动画合成"按钮 ⓐ 。

● 选择"插入 > HTML > Animate 作品"命令。

● 按 Ctrl+Alt+Shift+E 组合键。

（3）弹出"选择动画合成"对话框，如图 4-24 所示。选择一个 Animate 作品文件，单击
"确定"按钮，即可在文档窗口中插入 Animate 作品，如图 4-25 所示。

图 4-24

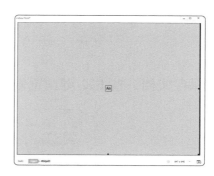

图 4-25

（4）保存文档，按 F12 键在浏览器中预览效果。

提示

在 Dreamweaver CC 2019 中，只能插入扩展名为"oam"的 Animate 作
品，该格式文件是由 Animate 软件发布的 Animate 作品包。

④ 插入 HTML5 视频

在 Dreamweaver CC 2019 中，可以在网页中插入 HTML5 视频。HTML5 视频元素提供
了一种将视频嵌入网页中的标准方式。

在网页中插入 HTML5 视频的具体操作步骤如下。

（1）在文档编辑窗口的"设计"视图中，将光标放置在想要插入视频的位置。

（2）可以通过以下3种方法启用HTML5视频功能。

● 在"插入"面板的"HTML"选项卡中单击"HTML5 Video"按钮 🗄。

● 选择"插入 > HTML > HTML5 Video"命令。

● 按Ctrl+Shift+Alt+V组合键。

（3）此时文档编辑窗口中插入了一个内部带有影片图标的矩形块，如图4-26所示。选中该图形，在"属性"面板中单击"源"选项右侧的"浏览"按钮🗀，在弹出的"选择音频"对话框中选择视频文件，如图4-27所示。单击"确定"按钮。此时的"属性"面板如图4-28所示。

图4-26

图4-27

图4-28

（4）保存文档，按F12键预览效果，如图4-29所示。

图4-29

4.2.4　任务实施

（1）选择"文件 > 打开"命令，在弹出的"打开"对话框中，选择云盘中的"Ch04 > 素材 > 4.2制作绿色农场网页 > index.html"文件，单击"打开"按钮打开文件，如图4-30所示。将光标置入图4-31所示的单元格中。

图 4-30　　　　　　　　　　　图 4-31

（2）单击"插入"面板"HTML"选项卡中的"Flash SWF"按钮 📄，在弹出的"选择 SWF"对话框中，选择云盘中的"Ch04 > 素材 > 4.2 制作绿色农场网页 > images > DH.swf"文件，如图 4-32 所示。单击"确定"按钮，弹出"对象标签辅助功能属性"对话框。单击"确定"按钮，完成 Flash 动画的插入，效果如图 4-33 所示。

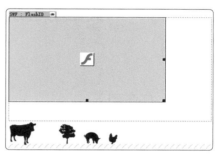

图 4-32　　　　　　　　　　　图 4-33

（3）保持动画的选取状态，在"属性"面板中的"Wmode"下拉列表中选择"透明"选项，如图 4-34 所示。

（4）保存文档，按 F12 键预览效果，如图 4-35 所示。

图 4-34　　　　　　　　　　　图 4-35

4.2.5　扩展实践：制作物流运输网页

使用"Flash SWF"按钮在网页中插入 Flash 动画；在"属性"面板中设置动画背景透明。最终效果参看云盘中的"Ch04 > 效果 > 4.2.5 扩展实践：制作物流运输网页 > index.html"文件，如图 4-36 所示。

制作物流运输网页

图 4-36

任务 4.3   项目演练：制作时尚先生网页

4.3.1   任务引入

时尚先生是一个生活资讯类网站，主要提供男装、休闲、理财等资讯。本任务要求读者制作时尚先生网页，要求设计突出网站特点，以吸引更多用户。

4.3.2   设计理念

该网页使用深灰色作为背景颜色，营造出优雅、沉稳的氛围；以男性模特照片作为主图，强调了网站的时尚性；页面整体设计简洁、大气，可以体现出网站特色。最终效果参看云盘中的"Ch04 > 效果 > 4.3 制作时尚先生网页 > index.html"文件，如图 4-37 所示。

制作时尚先生网页

图 4-37

项目5

明确目标链接关系
——超链接

05

　　网络中的每个网页都是以超链接的形式关联在一起的，超链接是网页中最重要、最根本的元素之一。浏览者可以通过单击网页中的某个元素，轻松地实现网页之间的跳转或下载文件、收发邮件等。通过本项目的学习，读者可以掌握实现超链接的技术。

🔍 学习引导

📺 知识目标

- 掌握超链接的概念；
- 了解超链接的分类及应用。

📋 能力目标

- 熟练掌握超链接的创建方法；
- 掌握超链接的分类及应用技巧。

📝 素养目标

- 培养对网页之间的跳转的兴趣。

📊 实训项目

- 制作创意设计网页；
- 制作狮立地板网页。

任务 5.1　制作创意设计网页

制作创意设计网页

5.1.1　任务引入

宏翊设计是一个平面设计师学习和交流的平台，提供数量众多的优秀设计作品、学习资料，并组织各类竞赛活动。现宏翊设计要举办一个创意设计征集活动，本任务要求读者为其制作活动宣传网页，要求设计体现出网站特点和活动特色。

5.1.2　设计理念

该网页使用纯色作为背景颜色，使宣传主体更加突出；函件形式的设计充满创意，符合网站特色；卡通元素的运用，使画面更生动、鲜活。最终效果参看云盘中的"Ch05 > 素材 > 5.1 制作创意设计网页 > index.html"文件，如图5-1所示。

图 5-1

5.1.3　任务知识：创建文本超链接、下载文件超链接和电子邮件超链接

① 超链接的概念

超链接的主要作用是将物理上无序的网页组成一个有机的统一体。超链接对象上存放着对应网页或其他文件的地址。在浏览网页时，当浏览者将鼠标指针移到某些文字或图像上时，鼠标指针会改变形状或颜色，这就是在提示浏览者此对象为超链接对象。浏览者只需单击这些超链接对象，就可以进行打开链接的网页、下载文件和收发邮件等操作。

② 创建文本超链接

创建文本超链接的方法非常简单，主要是在链接文本的"属性"面板中指定链接文件。指定链接文件的方法有以下3种。

◎ 直接输入要链接文件的路径和文件名

在文档编辑窗口中选中作为链接对象的文本。选择"窗口 > 属性"命令，弹出"属性"面板。在"链接"文本框中直接输入要链接文件的路径和文件名，如图5-2所示。

图 5-2

提示

若要链接到本地站点中的一个文件，则直接输入文档相对路径或站点根目录相对路径；若要链接到本地站点以外的文件，则直接输入绝对路径。

◎ 使用"浏览文件"按钮

在文档编辑窗口中选中作为链接对象的文本。在"属性"面板中单击"链接"选项右侧的"浏览文件"按钮 ，弹出"选择文件"对话框。选择要链接的文件，在"相对于"下拉列表中选择"文档"选项，如图 5-3 所示。单击"确定"按钮。

提示

（1）"相对于"下拉列表中有两个选项。选择"文档"选项，表示使用文档相对路径来链接；选择"站点根目录"选项，表示使用站点根目录相对路径来链接。

（2）一般要链接本地站点中的文件时，最好不要使用绝对路径，因为如果文件移动了，文件内所有的绝对路径都将被打断，会造成链接错误。

◎ 使用"指向文件"按钮

使用"指向文件"按钮⊕可以快捷地指定站点窗口内的链接文件。

在文档编辑窗口中选中要作为链接对象的文本。在"属性"面板中，拖曳"指向文件"按钮⊕指向右侧站点窗口内的文件，如图 5-4 所示。松开鼠标，"链接"文本框中会显示出所建立的链接。

图 5-3

图 5-4

当完成文件链接后，"属性"面板中的"目标"下拉列表变为可用，其中各选项的作用如下。

● **"_blank"选项**：将链接文件加载到未命名的新浏览器窗口中。

● **"_parent"选项**：将链接文件加载到包含该链接的父框架集或窗口中；如果包含链接的框架不是嵌套的，则将链接文件加载到整个浏览器窗口中。

● **"_self"选项**：将链接文件加载到链接所在的同一框架或窗口中。此选项是默认的，因此通常不需要指定它。

● **"_top"选项**：将链接文件加载到整个浏览器窗口中，并由此删除所有框架。

3　设置文本超链接的状态

一个未被访问过的文本超链接与一个被访问过的文本超链接在形式上应该是有区别的，以提示浏览者文本超链接所指示的网页是否已被访问过。设置文本超链接的状态的具体操作步骤如下。

（1）选择"文件 > 页面属性"命令，弹出"页面属性"对话框。

（2）在对话框中设置文本超链接的状态。在左侧的"分类"列表中选择"链接（CSS）"选项。如图 5-5 所示。单击"链接颜色"选项右侧的图标，在弹出的拾色器中选择一种颜色来设置文本超链接的颜色；单击"变换图像链接"选项右侧的图标，在弹出的拾色器中选择一种颜色来设置鼠标指针经过文本超链接时的文字颜色；单击"已访问链接"选项右侧的图标，在弹出的拾色器中选择一种颜色来设置访问过的文本超链接的颜色；单击"活动链接"选项右侧的图标，在弹出的拾色器中选择一种颜色来设置活动的文本超链接的颜色；在"下划线样式"下拉列表中设置文本超链接是否加下划线，如图 5-6 所示。

图 5-5

图 5-6

4　创建下载文件超链接

浏览网站的目的往往是查找并下载资料，网页中的文件下载功能可通过创建下载文件超链接来实现。创建下载文件超链接的步骤与创建文本超链接相似，区别在于前者所链接的文件不是网页文件而是其他文件，如 EXE、ZIP 等格式的文件。

创建下载文件超链接的具体操作步骤如下。

（1）在文档编辑窗口中选择需添加下载文件超链接的网页对象。

（2）在"链接"文本框中指定链接文件。

（3）按 F12 键预览网页。

5　创建电子邮件超链接

网站一般只作为单向传播的工具将各网页中的信息传达给浏览者，但网站建立者可能需要接收浏览者的反馈信息，一种有效的方式是让浏览者给网站建立者发送电子邮件。在网页中创建电子邮件超链接可以实现这种反馈。

每当浏览者单击设置为电子邮件超链接的网页对象时，就会打开邮件处理工具（如微软公司的 Outlook Express），并且工具自动将收信人地址设为网站建立者的邮箱地址，方便浏览者给网站发送反馈信息。

◎ 利用"属性"面板创建电子邮件超链接

（1）在文档编辑窗口中选择链接对象，一般是文字，如"联系我们"。

（2）在"链接"文本框中输入"mailto: 地址"。例如，网站建立者的邮箱地址是"xjg_p***@163.com"，则在"链接"文本框中输入"mailto: xjg_p***@163.com"，如图 5-7 所示。

图 5-7

◎ 利用"电子邮件链接"对话框创建电子邮件超链接

（1）在文档编辑窗口中选择需要添加电子邮件超链接的网页对象。

（2）可以通过以下两种方法打开"电子邮件链接"对话框。

● 选择"插入 > HTML > 电子邮件链接"命令。

● 单击"插入"面板"HTML"选项卡中的"电子邮件链接"按钮 ✉ 。

（3）在"文本"文本框中输入要在网页中显示的链接文字，并在"电子邮件"文本框中输入完整的邮箱地址，如图 5-8 所示。单击"确定"按钮，即可完成电子邮件超链接的创建。

图 5-8

5.1.4 任务实施

1 制作电子邮件超链接

（1）选择"文件 > 打开"命令，在弹出的"打开"对话框中，选择云盘中的"Ch05 > 素材 > 5.1 制作创意设计网页 > index.html"文件，单击"打开"按钮打开文件，如图 5-9 所示。选中文本"xjg_p***@163.com"，如图 5-10 所示。

图 5-9

图 5-10

（2）单击"插入"面板"HTML"选项卡中的"电子邮件链接"按钮✉，在弹出的"电子邮件链接"对话框中进行设置，如图5-11所示。单击"确定"按钮，文字的下方出现下划线，如图5-12所示。

图 5-11　　　　　　　　　　　　　　　　图 5-12

（3）选择"文件 > 页面属性"命令，弹出"页面属性"对话框，在左侧的"分类"列表中选择"链接（CSS）"选项，将"链接颜色"选项设为红色（#FF0000），"交换图像链接"选项设为白色，"已访问链接"选项设为红色（#FF0000），"活动链接"选项设为白色，在"下划线样式"下拉列表中选择"始终有下划线"选项，如图5-13所示。单击"确定"按钮，效果如图5-14所示。

图 5-13　　　　　　　　　　　　　　　　图 5-14

② 制作下载文件超链接

（1）选中文本"下载主题"，如图5-15所示。在"属性"面板中单击"链接"选项右侧的"浏览文件"按钮🗁，弹出"选择文件"对话框，选择云盘中的"Ch05 > 素材 > 制作创意设计网页 > images > tpl.zip"文件，如图5-16所示。单击"确定"按钮，将"tpl.zip"文件链接到"链接"文本框中，在"目标"下拉列表中选择"_blank"选项，如图5-17所示。

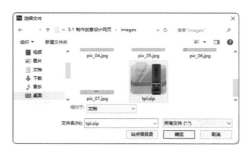

图 5-15　　　　　　　　　　　　　　　　图 5-16

图 5-17

（2）保存文档，按 F12 键预览效果。单击插入的电子邮件超链接 "xjg_p***@163.com"，效果如图 5-18 所示。单击 "下载主题"，将弹出提示条，在提示条中可以根据提示进行操作，如图 5-19 所示。

图 5-18

图 5-19

5.1.5　扩展实践：制作建筑模型网页

使用 "电子邮件链接" 按钮，制作电子邮件超链接；使用 "浏览文件" 按钮，为文本制作下载文件超链接。最终效果参看云盘中的 "Ch05 > 素材 > 5.1 制作建筑模型网页 > index.html" 文件，如图 5-20 所示。

制作建筑模型网页

图 5-20

任务 5.2　制作狮立地板网页

制作狮立地板网页

5.2.1　任务引入

狮立家装是一家以 "创享品质生活" 为经营理念的家装公司，现公司推出狮立地板。本任务要求为其制作地板宣传网页，要求设计体现出公司理念和产品特点。

5.2.2　设计理念

该网页的背景采用森林的照片，突出了产品的绿色环保；透明色带上的文字简介令顾客更了解产品，选择更有针对性；网页的整体设计干净简约，没有多余的修饰，能够传达到公司的理念。最终效果参看云盘中的"Ch05 > 素材 > 5.2 制作狮立地板网页 > index.html"文件，如图 5-21 所示。

图 5-21

5.2.3　任务知识：创建图像超链接、ID 超链接和热点超链接

1 创建图像超链接

图像超链接以图像作为链接对象，当用户单击图像时就会打开该图像链接的网页或其他文件。创建图像超链接的具体操作步骤如下。

（1）在文档编辑窗口中选中图像。

（2）在"属性"面板中单击"链接"选项右侧的"浏览文件"按钮⊟，为图像添加相对路径的链接。

（3）在"替代"文本框中可输入替代文字。设置替代文字后，当不能下载图像时，图像的位置会显示替代文字；当浏览者将鼠标指针指向图像时也会显示替代文字。

（4）按 F12 快捷键预览网页的效果。

提示　　　　　图像超链接不像文本超链接那样，会发生许多提示性的变化，只有当鼠标指针经过图像时鼠标指针才变为手形。

2 创建"鼠标指针经过图像"超链接

"鼠标指针经过图像"是一种常用的互动技术，当鼠标指针经过图像时，图像会随之发生变化。一般"鼠标指针经过图像"效果由两张大小相等的图像形成，一张图像称为主图像，另一张图像称为次图像。主图像是首次载入网页时显示的图像，次图像是当鼠标指针经过时显示的图像。"鼠标指针经过图像"效果经常应用于网页中的按钮上。创建"鼠标经过图像"超链接的具体操作步骤如下。

（1）在文档编辑窗口中将光标放置在需要添加图像的位置。

（2）可以通过以下两种方法打开"插入鼠标经过图像"对话框，如图 5-22 所示。

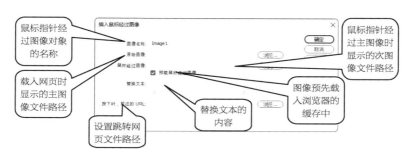

图 5-22

● 选择"插入 > HTML > 鼠标经过图像"命令。

● 单击"插入"面板"HTML"选项卡中的"鼠标经过图像"按钮 📮。

（3）在对话框中按照需要设置各选项，然后单击"确定"按钮完成设置。按 F12 键预览网页效果。

3 创建 ID 超链接

使用 ID 超链接可以在 HTML 5 中实现 HTML 4.01 中的锚点链接效果，也就是跳转到页面中的某个指定位置。

网页的内容很多时，浏览者往往需要拖曳滚动条寻找某一个主题，非常不方便。Dreamweaver CC 2019 提供了 ID 超链接，用于快速定位到网页的不同位置。

◎ 创建 ID 标记

（1）打开要添加 ID 标记的网页。

（2）将光标移到某一个主题内容处。

（3）在"属性"面板的"ID"文本框中输入一个名称（如"top"），如图 5-23 所示，创建 ID 标记。

图 5-23

◎ 建立 ID 超链接

（1）选择链接对象，如某主题文字。

（2）在"属性"面板的"链接"文本框中直接输入"#ID 名称"（如"#top"），如图 5-24 所示。

（3）按 F12 键预览网页的效果。

图 5-24

④ 创建热点超链接

前面介绍的图像超链接，一张图只能对应一个链接，但有时需要在一张图上创建多个链接去打开不同的网页。Dreamweaver CC 2019 提供的热点超链接就能实现这个功能。

创建热点超链接的具体操作步骤如下。

（1）选取一张图片，在"属性"面板的"地图"选项下方单击热点按钮，如图 5-25 所示。

图 5-25

（2）可以利用"矩形热点工具"按钮▢、"椭圆热点工具"按钮◯、"多边形热点工具"按钮▽、"指针热点工具"按钮▶创建并编辑。

将鼠标指针放在图片上，当鼠标指针变为"+"时，在图片上拖曳出相应形状的淡绿色热点。如果图片上有多个热点，可通过"指针热点工具"按钮▶选择不同的热点，并通过热点的控制点调整热点的大小。例如，利用"椭圆热点工具"按钮◯，在图 5-26 所示区域建立多个圆形热点。

图 5-26

（3）此时的"属性"面板如图 5-27 所示。在"链接"文本框中输入要链接的网页地址，在"替换"文本框中输入当鼠标指针指向热点时所显示的替换文字。通过热点功能，用户可以在图片的任何地方做一个链接。反复操作，就可以在一张图片上添加很多热点，并为每一个热点设置一个链接，从而实现在一张图片的不同位置单击跳转到不同页面的效果。

（4）按 F12 键预览网页的效果，如图 5-28 所示。

图 5-27

图 5-28

5.2.4　任务实施

（1）选择"文件 > 打开"命令，在弹出的"打开"对话框中，选择云盘中的"Ch05 > 素材 > 5.2 制作狮立地板网页 > index.html"文件，单击"打开"按钮打开文件，如图 5-29 所示。将光标置入图 5-30 所示的单元格中。

图 5-29

图 5-30

（2）单击"插入"面板"HTML"选项卡中的"鼠标经过图像"按钮 🖼，弹出"插入鼠标经过图像"对话框，如图 5-31 所示。单击"原始图像"选项右侧的"浏览"按钮，弹出"原始图像"对话框，选择云盘中的"Ch05 > 素材 > 5.2 制作狮立地板网页 > images > img_a.png"文件，单击"确定"按钮，返回到"插入鼠标经过图像"对话框中，如图 5-32 所示。单击"鼠标经过图像"选项右侧的"浏览"按钮，弹出"鼠标经过图像"对话框，选择云盘中的"Ch05 > 素材 > 制作狮立地板网页 > img_a1.png"文件，单击"确定"按钮，返回到"插入鼠标经过图像"对话框中，如图 5-33 所示。单击"确定"按钮，效果如图 5-34 所示。

图 5-31

图 5-32

图 5-33

图 5-34

（3）用相同的方法为其他单元格插入图像，制作出图 5-35 所示的效果。

图 5-35

（4）保存文档，按 F12 键预览效果，如图 5-36 所示。当将鼠标指针移到图像上时，图像会发生变化，效果如图 5-37 所示。

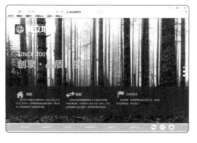

图 5-36

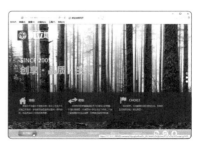
图 5-37

5.2.5　扩展实践：制作影像天地网页

在"属性"面板中创建 ID 标记；使用"链接"选项，制作"鼠标经过图像"超链接。最终效果参看云盘中的"Ch05 > 效果 > 5.2.5 扩展实践：制作影像天地网页 > index.html"文件，如图 5-38 所示。

制作影像天地网页

图 5-38

任务 5.3　项目演练：制作建筑规划网页

制作建筑规划网页

5.3.1　任务引入

风和地产是一家建筑设计公司，主要业务包括建筑规划设计、观演建筑、教育建筑设计、楼宇规划等。本任务要求为其制作建筑规划网页，要求设计能够展现出公司的业务领域和行业特色。

5.3.2　设计理念

该网页使用低明度的色彩进行搭配，给人沉稳安全的感觉；网页以建筑图片为背景，突出公司业务领域；导航栏简洁、清晰，方便用户浏览；网页整体设计风格直观明了、特色鲜明。最终效果参看云盘中的"Ch05 > 效果 > 5.3 制作建筑规划网页 > index.html"文件，如图 5-39 所示。

图 5-39

项目6

掌控页面布局
——表格

06

表格是网页设计中一个非常有用的工具，它不仅可以将相关数据有序地排列在一起，还可以精确地定位文字、图像等网页元素，使网页在形式上既丰富多彩又条理清楚，在组织上井然有序且不显单调。使用表格进行页面布局的最大好处是，即使浏览者改变计算机屏幕的分辨率也不会影响网页的浏览效果。通过本项目的学习，读者可以掌握使用表格进行页面布局的方法与技巧。

学习引导

知识目标

- 掌握表格的插入方法；
- 了解表格式数据的应用。

能力目标

- 熟练掌握表格的应用及属性设置；
- 掌握表格布局的应用。

素养目标

- 培养对表格布局应用的兴趣。

实训项目

- 制作租车网页；
- 制作典藏博物馆网页。

任务 6.1　制作租车网页

制作租车网页

6.1.1　任务引入

CAR 是一个租车平台，提供自驾短租、自驾长租、预约租车等服务。本任务要求为其制作租车网页，要求设计重点突出新款车的优惠活动及平台完善的服务模式。

6.1.2　设计理念

该网页使用汽车的实景照片作为背景图，突出了平台的业务主体；醒目的文字展示出平台的优惠力度；清晰的导航栏和搜索栏方便用户查找信息，设计人性化。最终效果参看云盘中的"Ch06 > 效果 > 6.1 制作租车网页 > index.html"文件，如图 6-1 所示。

图 6-1

6.1.3　任务知识：插入表格、设置表格属性

1　表格的组成

表格中包含行、列、单元格、表格标题等元素，如图 6-2 所示。

表格元素所对应的 HTML 标签如下。

● **<table> </table>**：标示表格的开始和结束。通过设置它的常用参数，可以指定表格高度、表格宽度、框线的宽度、背景图像、背景颜色、单元格间距、单元格边界和内容的距离，以及表格相对页面的对齐方式。

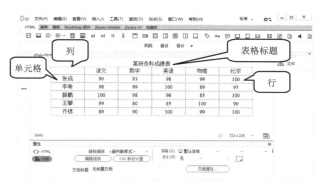

图 6-2

● **<tr> </tr>**：标示表格的行。通过设置它的常用参数，可以指定行的背景图像、行的背景颜色、行的对齐方式。

● **<td> </td>**：标示表格的列。通过设置它的常用参数，可以指定列的对齐方式、列的背景图像、列的背景颜色、列的宽度、单元格的垂直对齐方式等。

● **<caption> </caption>**：标示表格标题。

● **<th> </th>**：标示表格的表头列。

虽然 Dreamweaver CC 2019 允许用户在"设计"视图中直接操作行、列和单元格，但对于复杂的表格，使用鼠标选择需要的对象很困难，所以网站设计者必须了解表格元素的 HTML 标签的基本内容。

当选定表格或表格中有光标时，Dreamweaver CC 2019 会显示表格的宽度和每列的宽度。宽度旁边是表格标题菜单与列标题菜单的箭头，如图 6-3 所示。

用户可以根据需要打开或关闭表格和列的宽度显示。打开或关闭表格和列的宽度显示有以下两种方法。

某班各科成绩表					
	语文	数学	英语	物理	化学
张成	90	93	98	99	100
李希	98	99	100	89	95
薛鹏	100	98	96	85	100
王攀	99	80	85	100	90
齐锶	89	90	100	99	100

图 6-3

● 选定表格或将光标置入表格，然后选择"查看 > 设计视图选项 > 可视化助理 > 表格宽度"命令。

● 用鼠标右键单击表格，在弹出的快捷菜单中选择"表格 > 表格宽度"命令。

② 插入表格

在 Dreamweaver CC 2019 中插入表格是有效组织数据的最佳手段。

插入表格的具体操作步骤如下。

（1）在文档编辑窗口中，将光标放到合适的位置。

（2）可以通过以下 3 种方法打开"Table"对话框，如图 6-4 所示。

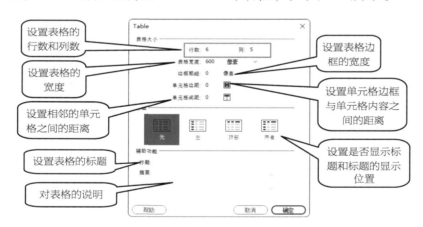

图 6-4

● 选择"插入 > Table"命令。

● 按 Ctrl+Alt+T 组合键。

● 单击"插入"面板"HTML"选项卡中的"Table"按钮 ⊞ 。

可以通过图 6-5 所示的表来了解"Table"对话框选项的具体内容。

某班各科成绩表					
	语文	数学	英语	物理	化学
张成	90	93	98	99	100
李希	98	99	100	89	95
薛鹏	100	98	96	85	100
王攀	99	80	85	100	90
齐锶	89	90	100	99	100

图 6-5

在"Table"对话框中，当"边框粗细"选项设置为 0 时，在窗口中不显示表格的边框。若要查看单元格和表格边框，选择"查看 > 设计视图选项 > 可视化助理 > 表格边框"命令即可。

提示

（3）根据需要设置新建表格的大小、行列数等参数，单击"确定"按钮完成新建表格的设置。

❸ 表格各元素的属性

插入表格并选择表格对象后，可以在"属性"面板中看到它的各项属性，修改这些属性可以得到不同风格的表格。

◎ 表格的属性

表格的"属性"面板中各选项的作用如图 6-6 所示。

图 6-6

如果没有明确指定单元格间距和单元格边距的值，则大多数浏览器按单元格边距为 1、单元格间距为 2 的方式显示表格。

提示

◎ 单元格、行、列的属性

单元格、行、列的"属性"面板如图 6-7 所示。

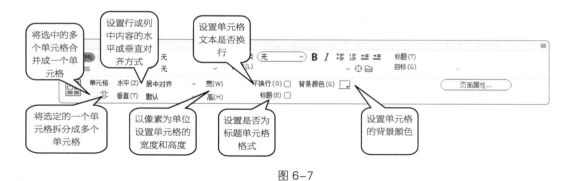

图 6-7

❹ 在表格中插入内容

建立表格后，可以在表格中添加各种网页元素，如文本、图像和表格等。在表格中添加元素的操作非常简单，只需根据设计要求选定单元格，然后插入网页元素即可。一般表格中插入内容后，表格的尺寸会随内容的尺寸自动调整。当然，还可以利用单元格的属性来调整其内部元素的对齐方式和单元格的大小等。

◎ 输入文本

在单元格中输入文本有以下两种方法。

● 单击任意一个单元格并直接输入文本。

● 粘贴从其他文字编辑软件中复制的带有格式的文本。

◎ 插入其他网页元素

嵌套表格。将光标置入一个单元格内并插入表格，即可实现表格嵌套。

插入图像。在表格中插入图像有以下 4 种方法。

● 将光标置入一个单元格中，单击"插入"面板"HTML"选项卡中的"Image"按钮 ■。

● 将光标置入一个单元格中，选择"插入 > Image"命令，或按 Ctrl+Alt+I 组合键。

● 将光标置入一个单元格中，将"插入"面板"HTML"选项卡中的"Image"按钮 ■ 拖曳到单元格内。

● 从计算机的资源管理器、站点资源管理器或桌面上直接将图像文件拖曳到一个需要插入图像的单元格内。

⑤ 选择表格元素

需要先选择表格中的元素，然后才能对其进行操作。可以选择整个表格、多行或多列，也可以选择一个或多个单元格。

◎ 选择整个表格

选择整个表格有以下 4 种方法。

● 将鼠标指针放到表格的边缘，鼠标指针右下角会出现图标 ⊞，如图 6-8 所示，此时单击即可选中整个表格，如图 6-9 所示。

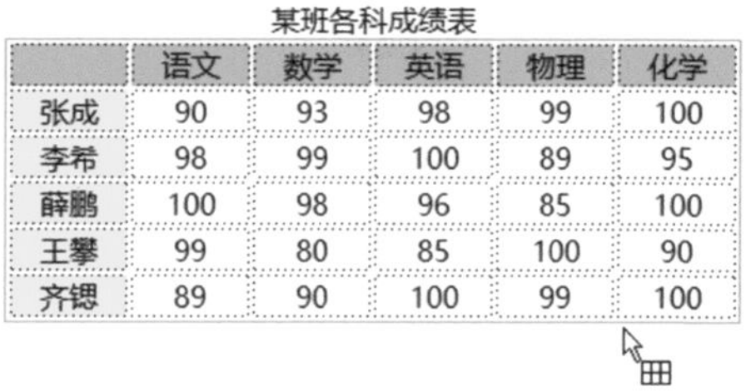

某班各科成绩表					
	语文	数学	英语	物理	化学
张成	90	93	98	99	100
李希	98	99	100	89	95
薛鹏	100	98	96	85	100
王攀	99	80	85	100	90
齐锶	89	90	100	99	100

图 6-8

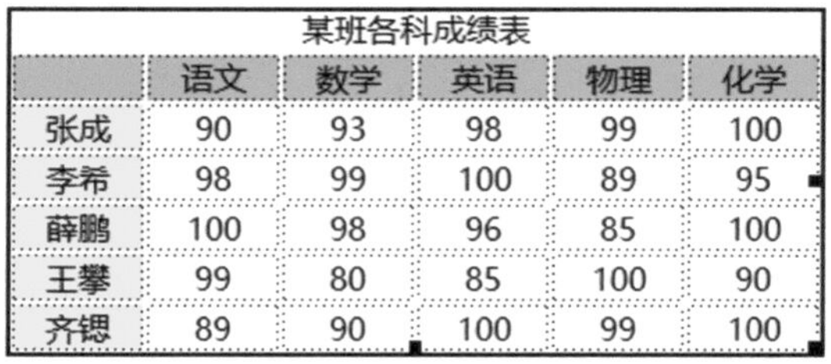

某班各科成绩表					
	语文	数学	英语	物理	化学
张成	90	93	98	99	100
李希	98	99	100	89	95
薛鹏	100	98	96	85	100
王攀	99	80	85	100	90
齐锶	89	90	100	99	100

图 6-9

● 将光标置入表格的任意单元格中，然后在文档编辑窗口左下角的标签栏中选择 table 标签，如图 6-10 所示。

● 将光标置入表格中，然后选择"编辑 > 表格 > 选择表格"命令。

● 在任意单元格中单击鼠标右键，在弹出的快捷菜单中选择“表格 > 选择表格”命令，如图 6-11 所示。

	语文	数学	英语	物理	化学
张成	90	93	98	99	100
李希	98	99	100	89	95
薛鹏	100	98	96	85	100
王攀	99	80	85	100	90
齐锶	89	90	100	99	100

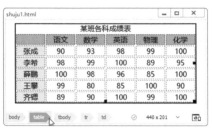

图 6–10

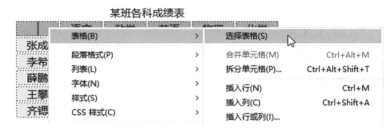

图 6–11

◎ 选择行或列

（1）选择单行或单列：移动鼠标指针，使其指向行的左边缘或列的上边缘，当鼠标指针出现向右或向下的箭头时，单击即可选中该行或该列，如图 6-12 所示。

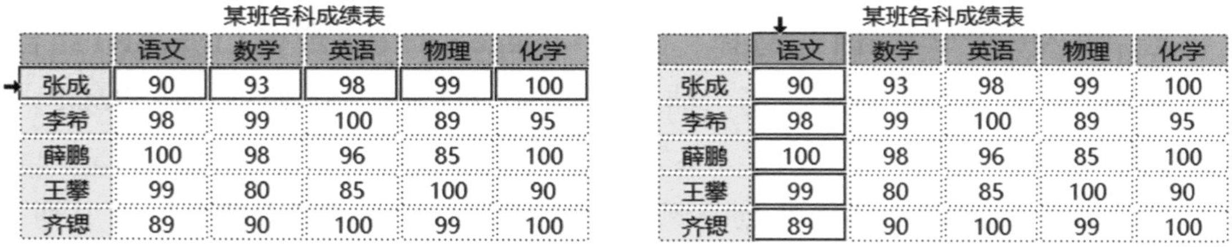

某班各科成绩表

	语文	数学	英语	物理	化学
张成	90	93	98	99	100
李希	98	99	100	89	95
薛鹏	100	98	96	85	100
王攀	99	80	85	100	90
齐锶	89	90	100	99	100

某班各科成绩表

	语文	数学	英语	物理	化学
张成	90	93	98	99	100
李希	98	99	100	89	95
薛鹏	100	98	96	85	100
王攀	99	80	85	100	90
齐锶	89	90	100	99	100

图 6–12

（2）选择多行或多列：移动鼠标指针，使其指向行的左边缘或列的上边缘，当鼠标指针变为方向箭头时，直接按住鼠标左键并拖曳可选择连续的行或列，如图 6-13 所示；在按住 Ctrl 键的同时单击行或列，可选择多个非连续的行或列，如图 6-14 所示。

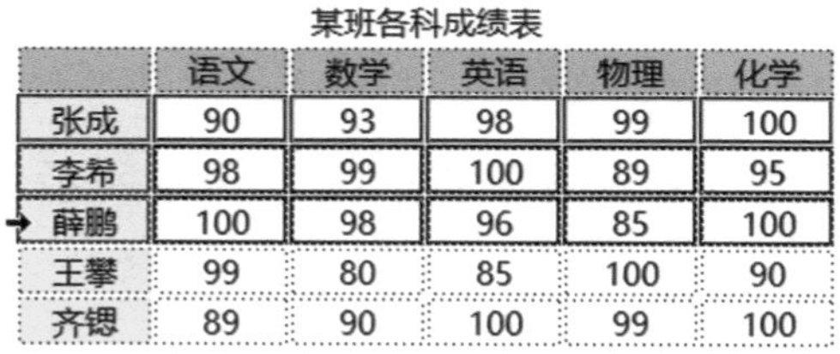

某班各科成绩表

	语文	数学	英语	物理	化学
张成	90	93	98	99	100
李希	98	99	100	89	95
薛鹏	100	98	96	85	100
王攀	99	80	85	100	90
齐锶	89	90	100	99	100

图 6–13

某班各科成绩表

	语文	数学	英语	物理	化学
张成	90	93	98	99	100
李希	98	99	100	89	95
薛鹏	100	98	96	85	100
王攀	99	80	85	100	90
齐锶	89	90	100	99	100

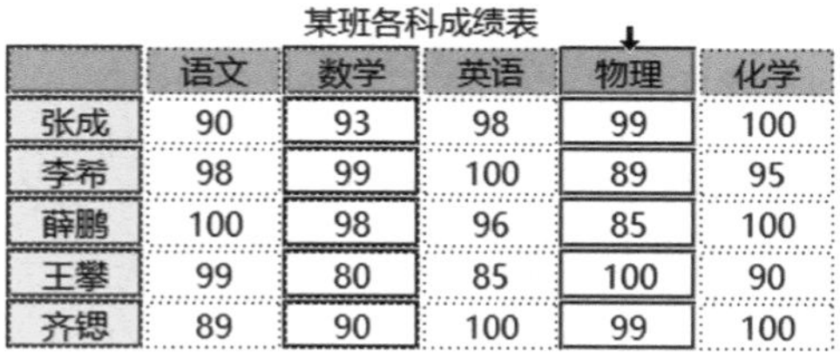

图 6–14

◎ 选择单元格

选择单元格有以下 3 种方法。

● 将光标置入想要选择的单元格中，然后在文档编辑窗口左下角的标签栏中选择 td 标签，如图 6-15 所示。

● 单击任意单元格后，按住鼠标左键不放并拖曳选择单元格。

● 将光标置入单元格中，然后选择“编辑 > 全选”命令，或按 Ctrl+A 组合键，即可选中光标所在的单元格。

	语文	数学	英语	物理	化学
张成	90	93	98	99	100
李希	98	99	100	89	95
薛鹏	100	98	96	85	100
王攀	99	80	85	100	90
齐锶	89	90	100	99	100

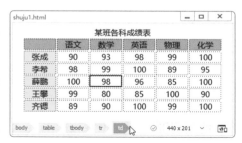

图 6–15

◎ 选择一个矩形区域

选择一个矩形区域有以下两种方法。

● 将鼠标指针从一个单元格向右下方拖曳到另一个单元格。如将鼠标指针从"张成"单元格向右下方拖曳到"100"单元格，得到图 6-16 所示的选中区域。

● 选择矩形左上角对应的单元格，按住 Shift 键的同时单击矩形右下角对应的单元格。这两个单元格定义的直线或以此直线为对角线的矩形区域中的所有单元格都将被选择。

◎ 选择不相邻的单元格

按住 Ctrl 键的同时依次单击需要选择的单元格，如图 6-17 所示。

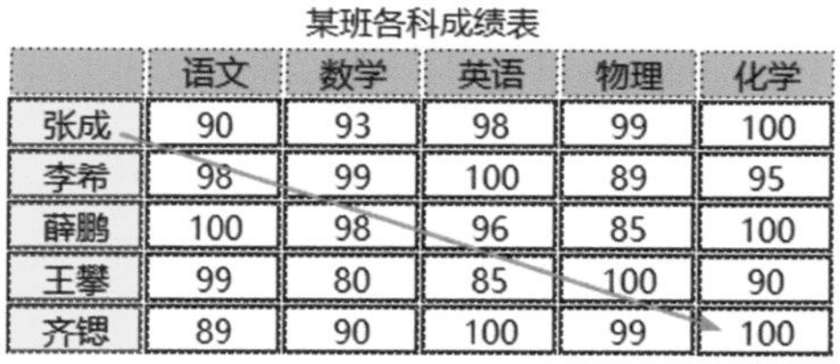

某班各科成绩表

	语文	数学	英语	物理	化学
张成	90	93	98	99	100
李希	98	99	100	89	95
薛鹏	100	98	96	85	100
王攀	99	80	85	100	90
齐锶	89	90	100	99	100

图 6-16

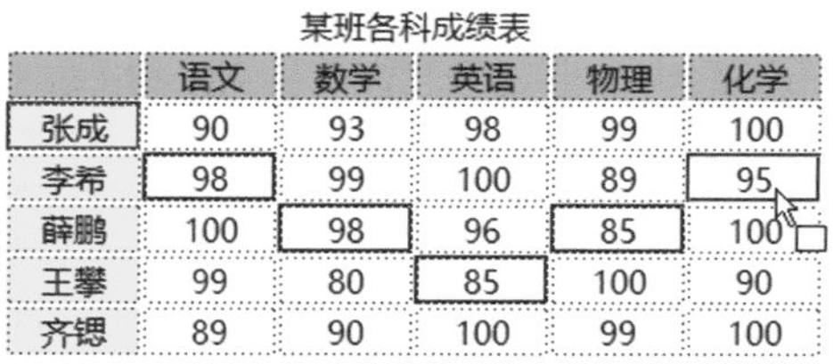

某班各科成绩表

	语文	数学	英语	物理	化学
张成	90	93	98	99	100
李希	98	99	100	89	95
薛鹏	100	98	96	85	100
王攀	99	80	85	100	90
齐锶	89	90	100	99	100

图 6-17

6 复制、剪切、粘贴单元格

在 Dreamweaver CC 2019 中，复制表格的操作与 Word 一样，可以对表格中的多个单元格进行复制、剪切、粘贴操作，并保留原单元格的格式，也可以仅对单元格的内容进行操作。

◎ 复制单元格

选中表格的一个或多个单元格后，选择"编辑 > 拷贝"命令，或按 Ctrl+C 组合键，将选中的内容复制到剪贴板中。剪贴板是一块由系统分配的暂时存放剪切和复制内容的特殊内存区域。

◎ 剪切单元格

选中表格的一个或多个单元格后，选择"编辑 > 剪切"命令，或按 Ctrl+X 组合键，将选中的内容剪切到剪贴板中。

提示

必须选择连续的矩形区域，否则不能进行复制和剪切操作。

◎ 粘贴单元格

将光标定位在网页的适当位置，选择"编辑 > 粘贴"命令，或按 Ctrl+V 组合键，即可将当前剪贴板中带有格式的表格内容粘贴到光标所在位置。

◎ 粘贴操作的几点说明

● 只要剪贴板的内容和选定单元格的内容兼容，粘贴后选定单元格的内容就将被替换。

● 如果在表格外粘贴，则剪贴板中的内容将作为一个新表格出现，如图 6-18 所示。

● 可以先选择"编辑 > 拷贝"命令进行复制，然后选择"编辑 > 选择性粘贴"命令，或按 Ctrl+Shift+V 组合键，弹出"选择性粘贴"对话框，如图 6-19 所示。设置完成后单击"确定"按钮进行有选择的粘贴。

某班各科成绩表

	语文	数学	英语	物理	化学
张成	90	93	98	99	100
李希	98	99	100	89	95
薛鹏	100	98	96	85	100
王攀	99	80	85	100	90
齐锶	89	90	100	99	100

某班各科成绩表

王攀	99	80	85	100	90
齐锶	89	90	100	99	100

图 6-18

图 6-19

7 清除表格内容和删除行或列

表格的删除操作包括清除表格内容以及删除行或列。

◎ 清除表格内容

选定表格中要清除内容的区域后，按 Delete 键即可清除所选区域的内容。

◎ 删除行或列

选定表格中要删除的行或列后，要删除行或列有以下 4 种方法。

● 选择"编辑 > 表格 > 删除行"命令，或按 Ctrl+Shift+M 组合键，即可删除选择区域所在的行。

● 选择"编辑 > 表格 > 删除列"命令，或按 Ctrl+Shift+ - 组合键，即可删除选择区域所在的列。

● 在表格边框上单击鼠标右键，在弹出的快捷菜单中选择"表格 > 删除行"或"表格 > 删除列"命令，即可删除选择区域所在的行或列。

● 按 Backspace 键，可以将选中的行或列删除。

8 调整表格、行和列的大小

创建表格后，可根据需要调整表格、行和列的大小。

◎ 调整表格大小

调整表格大小有以下两种方法。

● 将鼠标指针放在选定表格的边框上，当鼠标指针变为↔时，如图 6-20 所示，左右拖动曳边框，可以实现表格大小的调整，如图 6-21 所示。

● 选中表格，直接修改"属性"面板中的"宽"和"高"选项。

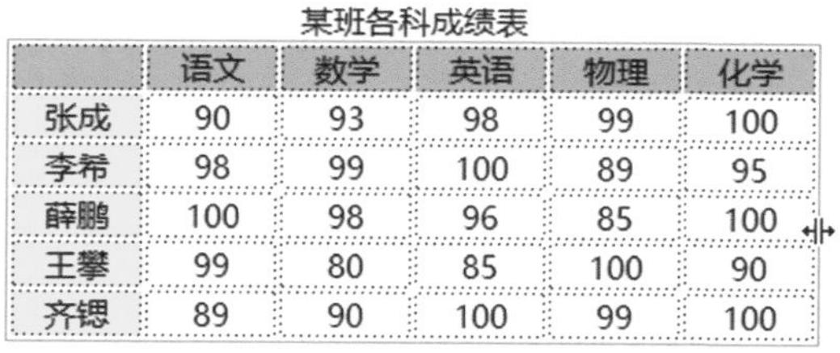

某班各科成绩表					
	语文	数学	英语	物理	化学
张成	90	93	98	99	100
李希	98	99	100	89	95
薛鹏	100	98	96	85	100
王攀	99	80	85	100	90
齐锶	89	90	100	99	100

图 6-20

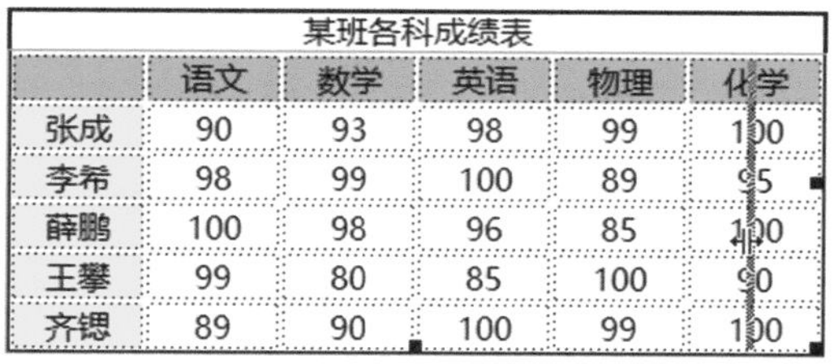

某班各科成绩表					
	语文	数学	英语	物理	化学
张成	90	93	98	99	100
李希	98	99	100	89	95
薛鹏	100	98	96	85	100
王攀	99	80	85	100	90
齐锶	89	90	100	99	100

图 6-21

◎ 调整行或列的大小

调整行或列的大小有以下两种方法。

● 直接拖曳鼠标。可通过上下拖曳行的底边线来改变行高，如图 6-22 所示；可通过左右拖曳列的右边线来改变列宽，如图 6-23 所示。

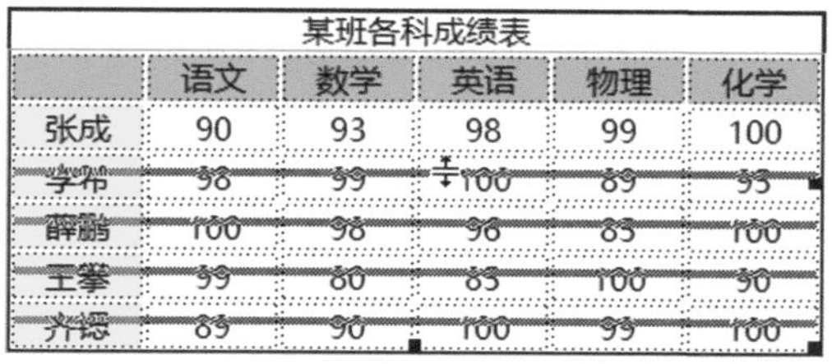

某班各科成绩表					
	语文	数学	英语	物理	化学
张成	90	93	98	99	100
李希	98	99	100	89	93
薛鹏	100	98	96	85	100
王攀	99	80	85	100	90
齐锶	85	90	100	99	100

图 6-22

某班各科成绩表					
	语文	数学	英语	物理	化学
张成	90	93	98	99	100
李希	98	99	100	89	95
薛鹏	100	98	96	85	100
王攀	99	80	85	100	90
齐锶	89	90	100	99	100

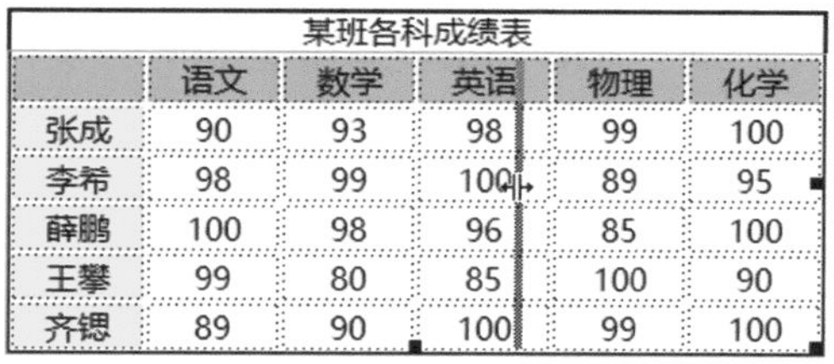

图 6-23

● 输入行高或列宽的值。选中单元格，直接修改"属性"面板中的"宽"和"高"选项。

⑨ 合并和拆分单元格

◎ 合并单元格

有的表格项需要跨几行或几列，这时需要将多个单元格合并，生成一个跨多行或列的单元格，如图 6-24 所示。

选择连续的单元格后，可将它们合并成一个单元格。合并单元格有以下 4 种方法。

● 按 Ctrl+Alt+M 组合键。

● 选择"编辑 > 表格 > 合并单元格"命令。

● 单击"属性"面板中的"合并所选单元格，使用跨度"按钮□。

● 单击鼠标右键，在弹出的快捷菜单中选择"表格 > 合并单元格"命令。

图 6-24

提示

执行合并操作后，多个单元格的内容将合并到一个单元格中。不相邻的多个单元格不能合并，因此要保证合并的是连续的单元格。

◎ 拆分单元格

有时为了满足设计的需要，要将一个表格项分成多个单元格，以详细地显示不同的内容，此时就必须将单元格拆分。

拆分单元格的具体操作步骤如下。

（1）选择一个要拆分的单元格。

（2）可以通过以下 4 种方法打开"拆分单元格"对话框，如图 6-25 所示。

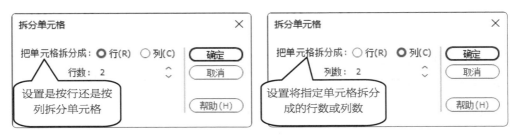

图 6-25

● 按 Ctrl+Alt+Shift+T 组合键。

● 选择"编辑 > 表格 > 拆分单元格"命令。

● 在"属性"面板中，单击"拆分单元格为行或列"按钮 。

● 单击鼠标右键，在弹出的快捷菜单中选择"表格 > 拆分单元格"命令。

（3）根据需要进行设置，单击"确定"按钮完成单元格的拆分。

⑩ 增加表格的行和列

可以通过选择"编辑 > 表格"中的相应子菜单命令来添加行或列，然后加入新的内容。

◎ 插入单行或单列

选中一个单元格后，就可以在该单元格的上面或左侧插入一行或一列。

插入单行有以下 3 种方法。

● 选择"编辑 > 表格 > 插入行"命令，可在所选单元格的上面插入一行。

● 按 Ctrl+M 组合键，可在所选单元格的上面插入一行。

● 在所选单元格上单击鼠标右键，在弹出的快捷菜单中选择"表格 > 插入行"命令，可在所选单元格的上面插入一行。

插入单列有以下 3 种方法。

● 选择"编辑 > 表格 > 插入列"命令，可在所选单元格的左侧插入一列。

● 按 Ctrl+Shift+A 组合键，可在所选单元格的左侧插入一列。

● 在所选单元格内单击鼠标右键，在弹出的快捷菜单中选择"表格 > 插入列"命令，可在所选单元格的左侧插入一列。

◎ 插入多行或多列

选中一个单元格，选择"编辑 > 表格 > 插入行或列"命令，弹出"插入行或列"对话框。根据需要在对话框中进行设置，可在当前行的上面或下面插入多行，如图 6-26 所示；或在当前列左侧或右侧插入多列，如图 6-27 所示。

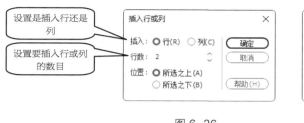

图 6-26　　　　　　　　　　　　　图 6-27

提示

在表格的最后一个单元格中按 Tab 键会自动在表格的下方新添一行。

6.1.4　任务实施

（1）启动 Dreamweaver CC 2019，新建一个空白文档。新建页面的初始名称是"Untitled-1.html"。选择"文件 > 保存"命令，弹出"另存为"对话框，在"保存在"下拉列表中选择站点目录保存路径，在"文件名"文本框中输入"index"，单击"保存"按钮，返回到文档编辑窗口。

（2）选择"文件 > 页面属性"命令，在弹出的"页面属性"对话框左侧的"分类"列表中选择"外观（CSS）"选项，将"大小"选项设为 14 px，"文本颜色"选项设为白色，"左边距""右边距""上边距""下边距"选项均设为 0 px，如图 6-28 所示。

（3）在"分类"列表中选择"标题/编码"选项，在"标题"文本框中输入"租车网页"，如图 6-29 所示。单击"确定"按钮，完成页面属性的修改。

图 6-28　　　　　　　　　　　　　图 6-29

（4）单击"插入"面板"HTML"选项卡中的"Table"按钮 ⊞，在弹出的"Table"对话框中进行设置，如图 6-30 所示。单击"确定"按钮，完成表格的插入。保持表格的选取状态，在"属性"面板的"Align"下拉列表中选择"居中对齐"选项，效果如图 6-31 所示。

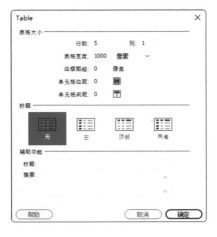

图 6-30

图 6-31

（5）选择"窗口 > CSS 设计器"命令，弹出"CSS 设计器"面板，如图 6-32 所示。单击"选择器"选项组中的"添加选择器"按钮 ✚，在"选择器"选项组的文本框中输入名称".bj"，按 Enter 键确认，如图 6-33 所示。在"属性"选项组中单击"背景"按钮 ▨，切换到背景属性，单击"url"选项右侧的"浏览"按钮 📁，在弹出的"选择图像源文件"对话框中，选择云盘中的"Ch06 > 素材 > 6.1 制作租车网页 > images > bj.jpg"文件，单击"确定"按钮。返回到"CSS 设计器"面板，单击"background-repeat"选项右侧的"repeat-x"按钮 ■■，如图 6-34 所示。

（6）将光标置入第 1 行单元格中，在"属性"面板的"水平"下拉列表中选择"居中对齐"选项，在"类"下拉列表中选择".bj"选项，将"高"选项设为 40 px。在该单元格中插入一个 1 行 2 列、宽为 800 px 的表格，如图 6-35 所示。

图 6-32

图 6-33

图 6-34

图 6-35

（7）将光标置入刚插入的表格的第 1 列单元格中，单击"插入"面板"HTML"选项卡中的"Image"按钮 🖼，在弹出的"选择图像源文件"对话框中，选择云盘中的"Ch06 > 素材 > 6.1 制作租车网页 > images > logo.png"文件，单击"确定"按钮，完成图片的插入，如图 6-36 所示。

图 6-36

（8）将光标置入第 2 列单元格中，在"属性"面板的"水平"下拉列表中选择"右对齐"选项，在该单元格中输入图 6-37 所示的内容。

图 6-37

（9）将光标置入主体表格的第 2 行单元格中，单击"插入"面板"HTML"选项卡中的"Image"按钮 ，在弹出的"选择图像源文件"对话框中，选择云盘中的"Ch06 > 素材 > 6.1 制作租车网页 > images > pic_01.jpg"文件，单击"确定"按钮，完成图片的插入，如图 6-38 所示。

图 6-38

（10）将光标置入主体表格的第 3 行单元格中，单击"插入"面板"HTML"选项卡中的"Image"按钮 ，在弹出的"选择图像源文件"对话框中，选择云盘中的"Ch06 > 素材 > 6.1 制作租车网页 > images > pic_02.jpg"文件，单击"确定"按钮，完成图片的插入，如图 6-39 所示。

图 6-39

（11）将光标置入主体表格的第 4 行单元格中，在"属性"面板的"水平"下拉列表中选择"居中对齐"选项，将"高"选项设为 220 px，"背景颜色"选项设为蓝色（#4489cf）。单击"插入"面板"HTML"选项卡中的"Image"按钮 ，在弹出的"选择图像源文件"对话框中，选择云盘中的"Ch06 > 素材 > 6.1 制作租车网页 > images > pic_03.png"文件，单击"确定"按钮，完成图片的插入，如图 6-40 所示。

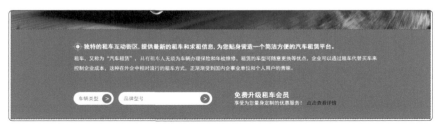

图 6-40

（12）在"CSS设计器"面板中，单击"选择器"选项组中的"添加选择器"按钮➕，在"选择器"选项组的文本框中输入名称".text"，按Enter键确认，如图6-41所示；在"属性"选项组中单击"文本"按钮 T ，切换到文本属性，将"color"选项设为灰色（#535353），如图6-42所示。

图 6-41

图 6-42

（13）将光标置入主体表格的第5行单元格中，在"属性"面板选项"水平"下拉列表中选择"居中对齐"选项，在"类"下拉列表中选择".text"选项，将"高"选项设为66 px，"背景颜色"选项设为淡灰色（#e0dfdf），在该单元格中输入文字，效果如图6-43所示。

CopyRight© 2020　租车有限公司

图 6-43

（14）保存文档，按F12键预览效果，如图6-44所示。

图 6-44

6.1.5　扩展实践：制作信用卡网页

使用"Table"按钮，插入表格；使用"Image"按钮，插入图像；在"CSS设计器"面板中为单元格添加背景图像并调整文本大小、颜色。最终效果参看云盘中的"Ch06 > 效果 > 6.1.5扩展实践：制作信用卡网页 > index.html"文件，如图6-45所示。

制作信用卡网页

图 6-45

任务 6.2 制作典藏博物馆网页

制作典藏博物馆
网页

6.2.1 任务引入

典藏博物馆是一所展示和研究文化遗产的博物馆，其网站包括历史沿革、文博快讯、典藏精选等多个栏目。现文物藏品大奖赛即将启动，本任务要求为其制作宣传网页，以使更多人了解和参与比赛，要求设计重点突出此次大赛的相关信息。

6.2.2 设计理念

该页面采用深色调作为背景颜色，给人大气的感觉；使用文物照片和活动宣传作为页面主体内容，重点突出；下方的"全部活动"信息明确，令人一目了然；灵动的线条点缀使网页看起来更加赏心悦目。最终效果参看云盘中的"Ch06 > 效果 > 6.2 制作典藏博物馆网页 > index.html"文件，如图 6-46 所示。

图 6-46

6.2.3 任务知识：导入和导出表格

① 导入和导出表格

在 Dreamweaver CC 2019 中，可以将一个网页中的表格导出为文件，也可以将表格文件导入网页。导出的表格数据还可以作为文本导入 Word 文档中。

◎ 将网页中的表格导出

选择"文件 > 导出 > 表格"命令，弹出"导出表格"对话框，如图 6-47 所示。根据需要设置参数，单击"导出"按钮，弹出"表格导出为"对话框，输入文件名称，单击"保存"按钮完成设置。

◎ 在网页中导入表格

选择"文件 > 导入 > 表格式数据"命令，弹出"导入表格式数据"对话框，如图 6-48 所示。根据需要进行设置，最后单击"确定"按钮即可将表格导入网页。

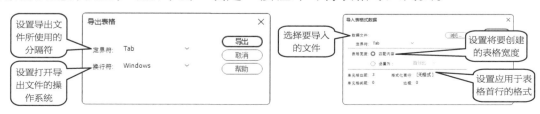

图 6-47   图 6-48

◎ 在 Word 文档中导入表格数据

在 Word 文档中选择"插入 > 对象 > 文本中的文字"命令，弹出"插入文件"对话框，在对话框中选择要导入的文件，如图 6-49 所示。单击"插入"按钮，弹出"文件转换"对话框，如图 6-50 所示。单击"确定"按钮完成设置，导入效果如图 6-51 所示。

图 6-49

图 6-50

图 6-51

2 表格数据排序

日常工作中，网站设计者常常需要对无序的表格数据进行排序，以便浏览者可以快速找到所需的数据。Dreamweaver CC 2019 的表格数据排序功能可以解决这一难题。

将光标放到要排序的表格中，然后选择"编辑 > 表格 > 排序表格"命令，弹出"排序表格"对话框，如图 6-52 所示。根据需要设置相应选项，单击"应用"或"确定"按钮完成设置。

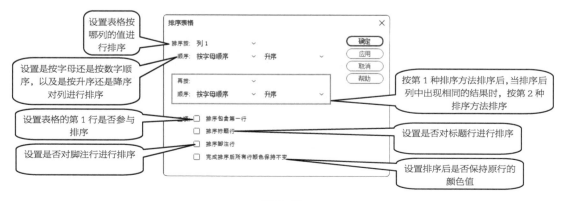

图 6-52

有"合并单元格"的表格是不能使用"排序表格"命令的。

提示

③ 表格的嵌套

当一个表格无法满足对网页元素的定位时，可以在表格的一个单元格中继续插入表格，这叫作表格的嵌套，单元格中的表格即内嵌入式表格。内嵌入式表格可以将一个单元格再分成许多行和列，而且可以无限地插入内嵌入式表格。但是内嵌入式表格越多，浏览时加载页面的时间越长，因此，嵌套表格时最好不超过3层。包含嵌套表格的网页如图6-53所示。

图6-53

6.2.4 任务实施

① 导入表格数据

（1）选择"文件 > 打开"命令，在弹出的"打开"对话框中，选择云盘中的"Ch06 > 素材 > 6.2 制作典藏博物馆网页 > index.html"文件，单击"打开"按钮打开文件，如图6-54所示。将光标放置在要导入表格数据的位置，如图6-55所示。

图6-54

图6-55

（2）选择"文件 > 导入 > 表格式数据"命令，弹出"导入表格式数据"对话框。单击"数据文件"文本框右侧的"浏览"按钮，弹出"打开"对话框，选择云盘中的"Ch06 > 素材 > 6.2 制作典藏博物馆网页 > SJ.txt"文件，单击"打开"按钮，返回到"导入表格式数据"对话框中，如图6-56所示。单击"确定"按钮，导入表格数据，效果如图6-57所示。

图6-56

图6-57

（3）保持表格的选取状态，在"属性"面板中将"宽"选项设为800，效果如图6-58所示。

（4）将第1列单元格全部选中，如图6-59所示。在"属性"面板中，将"宽"选项设为260，"高"选项设为35，效果如图6-60所示。

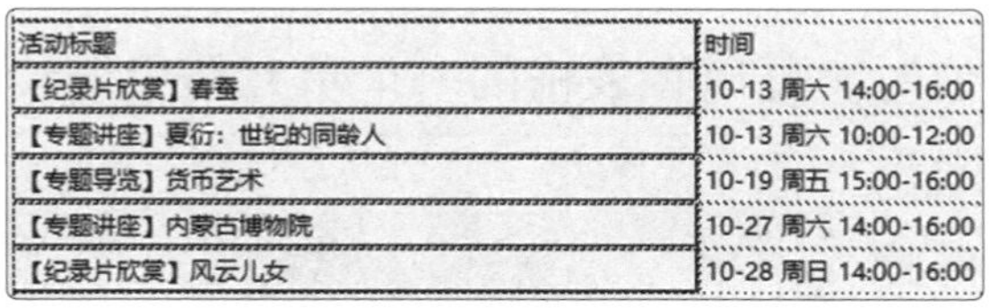

图 6-58

图 6-59

图 6-60

（5）选中第2列所有单元格，在"属性"面板的"水平"下拉列表中选择"居中对齐"选项，将"宽"选项设为220。选中第3列和第4列所有单元格，在"属性"面板的"水平"下拉列表中选择"居中对齐"选项，将"宽"选项设为160，效果如图6-61所示。

图 6-61

（6）选择"窗口＞CSS设计器"命令，弹出"CSS设计器"面板，如图6-62所示。在"源"选项组中选择"<style>"选项；单击"选择器"选项组中的"添加选择器"按钮➕，在"选择器"选项组的文本框中输入".bt"，按Enter键确认，如图6-63所示。在"属性"选项组中单击"文本"按钮Ｔ，切换到文本属性，将"color"选项设为褐色（#5b5b43），"font-size"选项设为18 px，如图6-64所示。

图 6-62

图 6-63

图 6-64

（7）选中图6-65所示的文字，在"属性"面板的"类"下拉列表中选择".bt"选项，应用该样式，效果如图6-66所示。用相同的方法为其他文字应用样式，效果如图6-67所示。

活动标题
【纪录片欣赏】春蚕
【专题讲座】夏衍：世纪的同龄人
【专题导览】货币艺术
【专题讲座】内蒙古博物院
【纪录片欣赏】风云儿女

图 6-65

活动标题
【纪录片欣赏】春蚕
【专题讲座】夏衍：世纪的同龄人
【专题导览】货币艺术
【专题讲座】内蒙古博物院
【纪录片欣赏】风云儿女

图 6-66

时间	地点	人数
10-13 周六 14:00-16:00	观众活动中心	50人
10-13 周六 10:00-12:00	观众活动中心	120人
10-19 周五 15:00-16:00	观众活动中心	100人
10-27 周六 14:00-16:00	观众活动中心	150人
10-28 周日 14:00-16:00	观众活动中心	113人

图 6-67

（8）在"CSS 设计器"面板中，单击"选择器"选项组中的"添加选择器"按钮➕，在"选择器"选项组的文本框中输入".text"，按 Enter 键确认，效果如图 6-68 所示；在"属性"选项组中单击"文本"按钮 🅣，切换到文本属性，将"color"选项设为褐色（#7b7b60），如图 6-69 所示。

（9）选中图 6-70 所示的单元格，在"属性"面板的"类"下拉列表中选择".text"选项，应用该样式，效果如图 6-71 所示。

图 6-68　　　　图 6-69

活动标题	时间	地点	人数
【纪录片欣赏】春蚕	10-13 周六 14:00-16:00	观众活动中心	50人
【专题讲座】夏衍：世纪的同龄人	10-13 周六 10:00-12:00	观众活动中心	120人
【专题导览】货币艺术	10-19 周五 15:00-16:00	观众活动中心	100人
【专题讲座】内蒙古博物院	10-27 周六 14:00-16:00	观众活动中心	150人
【纪录片欣赏】风云儿女	10-28 周日 14:00-16:00	观众活动中心	113人

图 6-70

活动标题	时间	地点	人数
【纪录片欣赏】春蚕	10-13 周六 14:00-16:00	观众活动中心	50人
【专题讲座】夏衍：世纪的同龄人	10-13 周六 10:00-12:00	观众活动中心	120人
【专题导览】货币艺术	10-19 周五 15:00-16:00	观众活动中心	100人
【专题讲座】内蒙古博物院	10-27 周六 14:00-16:00	观众活动中心	150人
【纪录片欣赏】风云儿女	10-28 周日 14:00-16:00	观众活动中心	113人

图 6-71

（10）按住 Ctrl 键的同时选中图 6-72 所示的行，在"属性"面板中将"背景颜色"选项设为灰色（#dcdcda），效果如图 6-73 所示。

活动标题	时间	地点	人数
【纪录片欣赏】春蚕	10-13 周六 14:00-16:00	观众活动中心	50人
【专题讲座】夏衍：世纪的同龄人	10-13 周六 10:00-12:00	观众活动中心	120人
【专题导览】货币艺术	10-19 周五 15:00-16:00	观众活动中心	100人
【专题讲座】内蒙古博物院	10-27 周六 14:00-16:00	观众活动中心	150人
【纪录片欣赏】风云儿女	10-28 周日 14:00-16:00	观众活动中心	113人

图 6-72

活动标题	时间	地点	人数
【纪录片欣赏】春蚕	10-13 周六 14:00-16:00	观众活动中心	50人
【专题讲座】夏衍：世纪的同龄人	10-13 周六 10:00-12:00	观众活动中心	120人
【专题导览】货币艺术	10-19 周五 15:00-16:00	观众活动中心	100人
【专题讲座】内蒙古博物院	10-27 周六 14:00-16:00	观众活动中心	150人
【纪录片欣赏】风云儿女	10-28 周日 14:00-16:00	观众活动中心	113人

图 6-73

（11）保存文档，按 F12 键预览效果，如图 6-74 所示。

2 排序表格数据

（1）选中图 6-75 所示的表格，选择"编辑 > 表格 > 排序表格"命令，弹出"排序表格"对话框，如图 6-76 所示。在"排序按"下拉列表中选择"列 1"选项，在"顺序"下拉列表中选择"按字母顺序"选项，在后面的下

图 6-74

拉列表中选择“降序”选项，如图 6-77 所示。单击“确定”按钮，对表格数据进行排序，效果如图 6-78 所示。

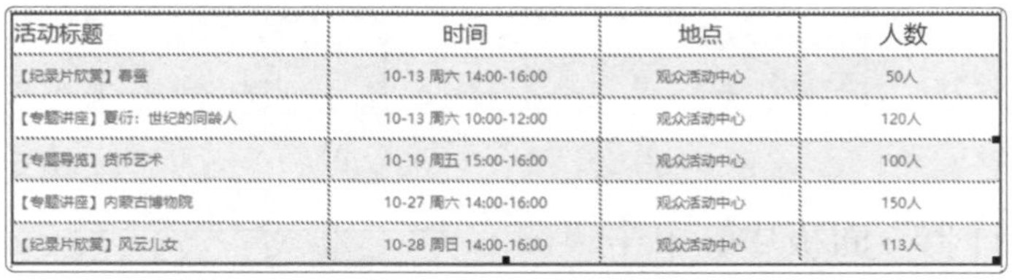

活动标题
时间
地点
人数
【纪录片欣赏】春蚕
10-13 周六 14:00-16:00
观众活动中心
50人
【专题讲座】夏衍：世纪的同龄人
10-13 周六 10:00-12:00
观众活动中心
120人
【专题导览】货币艺术
10-19 周五 15:00-16:00
观众活动中心
100人
【专题讲座】内蒙古博物院
10-27 周六 14:00-16:00
观众活动中心
150人
【纪录片欣赏】风云儿女
10-28 周日 14:00-16:00
观众活动中心
113人

图 6–75

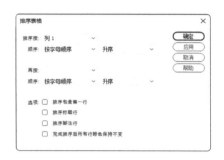

排序表格
排序按：列 1
顺序：按字母顺序
升序
再按：
顺序：按字母顺序
升序
选项：
排序包含第一行
排序标题行
排序脚注行
完成排序后所有行颜色保持不变
确定
应用
取消
帮助

图 6–76

排序表格
排序按：列 1
顺序：按字母顺序
降序
再按：
顺序：按字母顺序
升序
选项：
排序包含第一行
排序标题行
排序脚注行
完成排序后所有行颜色保持不变
确定
应用
取消
帮助

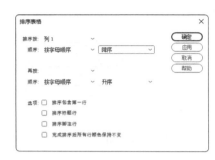

图 6–77

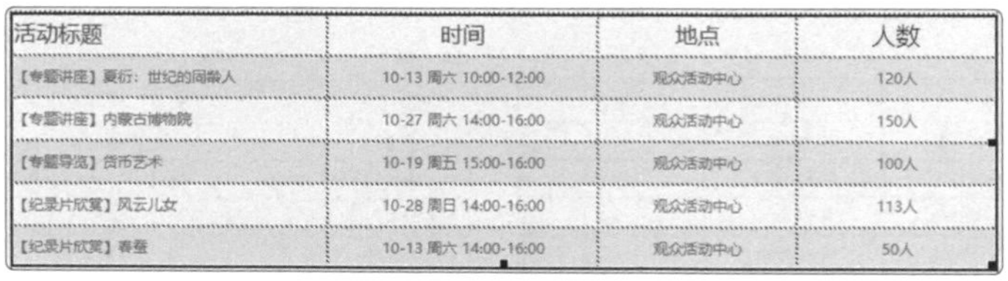

活动标题
时间
地点
人数
【专题讲座】夏衍：世纪的同龄人
10-13 周六 10:00-12:00
观众活动中心
120人
【专题讲座】内蒙古博物院
10-27 周六 14:00-16:00
观众活动中心
150人
【专题导览】货币艺术
10-19 周五 15:00-16:00
观众活动中心
100人
【纪录片欣赏】风云儿女
10-28 周日 14:00-16:00
观众活动中心
113人
【纪录片欣赏】春蚕
10-13 周六 14:00-16:00
观众活动中心
50人

图 6–78

（2）保存文档，按 F12 键预览效果，如图 6-79 所示。

首届文物
藏品大奖赛
即将启动
全部活动

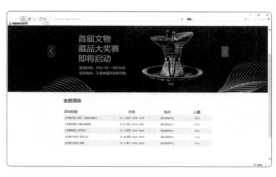

图 6–79

6.2.5 扩展实践：制作 OA 系统网页

使用“导入表格式数据”命令导入表格数据；在“属性”面板中改变表格的高度和数据对齐方式；在“CSS 设计器”面板中改变文字的颜色。最终效果参看云盘中的“Ch06 > 效果 > 6.2.5 扩展实践：制作 OA 系统网页 > index.html”文件，如图 6-80 所示。

制作 OA 系统网页

图 6-80

任务 6.3 项目演练：制作火锅餐厅网页

6.3.1 任务引入

某火锅餐厅以麻辣鲜香的火锅味道广受欢迎。本任务要求为其制作火锅餐厅网页，要求设计栏目丰富，信息全面。

6.3.2 设计理念

该网页使用模糊的火锅图片作为背景，主题令人一目了然；页面中突出的红色色块营造出热辣的氛围，符合火锅的特色；每一个色块是一个主题，既丰富了页面，也展示了更多信息。最终效果参看云盘中的"Ch06 > 效果 > 6.3 制作火锅餐厅网页 > index.html"文件，如图 6-81 所示。

制作火锅餐厅网页

图 6-81

项目7

了解如何美化页面
——CSS样式

07

层叠样式表（Cascading Style Sheets，CSS）是W3C批准的一个辅助HTML设计的特性，它能使整个HTML保持统一的外观。CSS的功能强大、操作灵活，用一个CSS文件就可以改变数百个文件的外观，而且个性化的表现更能吸引访问者。通过本项目的学习，读者可以掌握CSS样式的应用技术。

🔍 学习引导

🖥 知识目标

- 了解 CSS 样式的概念；
- 了解 CSS 样式的创建。

📑 能力目标

- 熟练掌握 CSS 样式的创建及应用；
- 掌握 "CSS 过渡效果" 面板的使用方法。

✒ 素养目标

- 培养对网页美化的兴趣。

📊 实训项目

- 制作山地车网页；
- 制作足球运动网页。

任务 7.1 制作山地车网页

制作山地车网页

7.1.1 任务引入

山地车是一家以"低碳减排 快乐骑行"为经营理念的自行车生产和销售厂家，其网站为消费者提供自行车展示、选购、在线咨询等服务。本任务要求为其制作山地车网页，要求设计体现出品牌特点和产品特色。

7.1.2 设计理念

该网页使用公路骑行照片作为主图，大气磅礴的自然风光使浏览者心旷神怡，产生向往之情；左侧的导航设计在展示企业标志的同时，将主要栏目突出显示，便于操作；网页整体设计简约、灵动，使人印象深刻。最终效果参看云盘中的"Ch07 > 效果 > 7.1 制作山地车网页 > index.html"文件，如图 7-1 所示。

图 7-1

7.1.3 任务知识：CSS 设计器面板及样式

① CSS 样式的概念

CSS 是 Cascading Style Sheet 的缩写，一般译为"层叠样式表"或"级联样式表"。CSS 对 HTML 3.2 之前版本的语法进行了调整，将某些 HTML 标签属性简化。例如将一段文字的大小变成 36 px，在 HTML 3.2 中要写成"\<p>\<font size="36"> 文字的大小 \</font>\</p>"，标签的层层嵌套使 HTML 程序"臃肿不堪"；而用 CSS 只需写成"\<p style="font-size:36 px"> 文字的大小 \</p>"即可。

CSS 使用 HTML 格式的代码，浏览器处理起来速度比较快。可以说 CSS 是 HTML 的一部分，它将对象引入 HTML 中，可以通过脚本程序调用和改变对象的属性，从而产生动态效果。例如，要实现当鼠标指针放到文字上时，文字变大的效果，用 CSS 可写成"\<p on MouseOver="className='aa'"> 动态文字 \</p>"。

② "CSS 设计器"面板

使用"CSS 设计器"面板可以创建、编辑和删除 CSS 样式，并且可以将外部样式表附加到文档中。

◎ 打开"CSS 设计器"面板

打开"CSS 设计器"面板有以下两种方法。

● 选择"窗口 > CSS 设计器"命令。

● 按 Shift+F11 组合键。

"CSS 设计器"面板如图 7-2 所示，该面板由 4 个选项组组成，分别是"源"选项组、"@ 媒体"选项组、"选择器"选项组和"属性"选项组。

　● **"源"选项组**：用于创建样式、附加样式、删除内部样式表和附加样式表。

　● **"@ 媒体"选项组**：用于控制所选源中的所有媒体查询。

　● **"选择器"选项组**：用于显示所选源中的所有选择器。

　● **"属性"选项组**：用于显示所选选择器的相关属性。"属性"分为布局▥、文本Ⓣ、边框▱、背景▨和更多⋯ 5 种类别，显示在"属性"选项组的顶部，如图 7-3 所示。添加属性后，该项属性的右侧会出现"禁用 CSS 属性"按钮◐和"删除 CSS 属性"按钮🗑，如图 7-4 所示。

"禁用 CSS 属性"按钮◐：单击该按钮可以将对应属性禁用；再次单击该按钮可启用对应属性。

"删除 CSS 属性"按钮🗑：单击该按钮可以删除对应属性。

图 7-2

图 7-3

图 7-4

◎ CSS 的功能

CSS 的功能归纳如下。

● 灵活地控制网页中文本的字体、颜色、大小、位置和间距等。

● 方便地为网页中的元素设置不同的背景颜色和背景图片。

● 精确地控制网页中各元素的位置。

● 为文字或图片设置滤镜效果。

● 与脚本语言结合制作动态效果。

❸ CSS 样式的类型

CSS 样式可分为类选择器、标签选择器、ID 选择器、内联样式、复合选择器等类型。

◎ 类选择器

类选择器可以将样式属性应用于页面上所有的 HTML 元素。类选择器的名称必须以"."为前缀，后面加以类名，属性和值必须符合 CSS 规范，如图 7-5 所示。

将".text"样式应用于 HTML 元素，HTML 元素将以 class 属性进行引用，如图 7-6 所示。

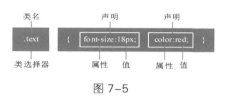

图 7-5

图 7-6

◎ 标签选择器

标签选择器可以对页面中的同一标签进行声明。例如对 <p> 标签进行声明，那么页面中所有的 <p> 标签将会使用相同的样式，如图 7-7 所示。

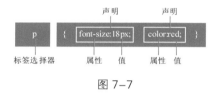

图 7-7

◎ ID 选择器

ID 选择器与类选择器的使用方法基本相同，唯一不同之处是 ID 选择器只能在 HTML 页面中使用一次，针对性比较强。ID 选择器以"#"为前缀，后面加以 ID 名，如图 7-8 所示。

将"#text"样式应用于 HTML 元素，HTML 元素将以 id 属性进行引用，如图 7-9 所示。

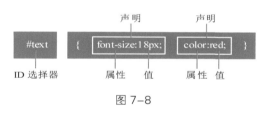

图 7-8

```
17 ▼<body>
18   <span id="text">你好吗？</span>
19   </body>
20   </html>
21
```

图 7-9

◎ 内联样式

内联样式是直接用 style 属性将 CSS 代码写入 HTML 标签中，如图 7-10 所示。

```
17 ▼<body>
18   <p style="font-family: '微软雅黑'; font-size: 12px;">你好吗？</p>
19   </body>
```

图 7-10

◎ 复合选择器

复合选择器可以同时声明风格完全相同或部分相同的选择器，如图 7-11 所示。

```
14 ▼h1, h3, h4 {
15     font-family:"微软雅黑";
16     color: #FF0004;
17   }
```

同级别声明

```
14 ▼td p {
15     font-family:"微软雅黑";
16     color: #FF0004;
17   }
```

嵌套式声明

图 7-11

4 创建 CSS 样式

使用"CSS 设计器"面板可以创建类选择器、标签选择器、ID 选择器和复合选择器等 CSS 样式。

创建 CSS 样式的具体操作步骤如下。

（1）新建或打开一个文档。

（2）选择"窗口 > CSS 设计器"命令，弹出"CSS 设计器"面板，如图 7-12 所示。

（3）在"CSS 设计器"面板中，单击"源"选项组中的"添加 CSS 源"按钮 ➕，在弹出的菜单中选择"在页面中定义"命令，如图 7-13 所示，以确认 CSS 样式的保存位置。选择该选项后，"源"选项组中将出现"<style>"标签，如图 7-14 所示。

图 7-12

图 7-13

图 7-14

（4）单击"选择器"选项组中的"添加选择器"按钮 ➕，"选择器"选项组中会出现一个文本框，如图 7-15 所示。根据定义样式的类型输入名称，如定义类选择器，先输入"."，如图 7-16 所示；再输入名称（如 text），按 Enter 键确认，如图 7-17 所示。

图 7-15

图 7-16

图 7-17

（5）在"属性"选项组中单击"文本"按钮 🅃，切换到文字属性，如图 7-18 所示。根据需要添加属性，如图 7-19 所示。

图 7-18

图 7-19

⑤ 应用 CSS 样式

创建自定义样式后，还要为不同的网页元素应用不同类型的样式，具体操作步骤如下。

（1）在文档编辑窗口中选择网页元素。

（2）根据不同的选择器类型应用不同的方法。

◎ 类选择器

① 在"属性"面板的"类"下拉列表中选择某自定义样式名。

② 在文档编辑窗口左下方的标签上单击鼠标右键，在弹出的快捷菜单中选择"设置类 > 某自定义样式名"选项；若在弹出的快捷菜单中选择"设置类 > 无"选项，则可以撤销样式的应用。

◎ ID 选择器

① 在"属性"面板的"ID"下拉列表中选择某自定义样式名。

② 在文档编辑窗口左下方的标签上单击鼠标右键，在弹出的快捷菜单中选择"设置 ID > 某自定义样式名"选项；若在弹出的快捷菜单中选择"设置 ID > 无"选项，则可以撤销样式的应用。

⑥ 创建和附加外部样式

如果不同网页的不同网页元素需要应用同一样式，可通过附加外部样式来实现。先创建一个外部样式，然后在不同网页的不同 HTML 元素中附加定义好的外部样式即可。

◎ 创建外部样式

（1）调出"CSS 设计器"面板。

（2）在"CSS 设计器"面板中单击"源"选项组中的"添加 CSS 源"按钮 **+**，在弹出的菜单中选择"创建新的 CSS 文件"命令，如图 7-20 所示。弹出"创建新的 CSS 文件"对话框，如图 7-21 所示。

（3）单击"文件 /URL"选项右侧的"浏览"按钮，弹出"将样式表文件另存为"对话框。在"文件名"文本框中输入自定义样式的文件名，如图 7-22 所示。单击"保存"按钮，返回到"创建新的 CSS 文件"对话框中，如图 7-23 所示。

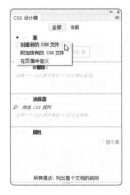

图 7-20

图 7-21

图 7-22

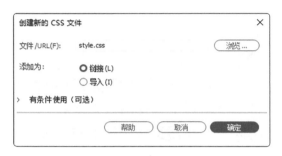

图 7-23

（4）单击"确定"按钮，完成外部样式的创建。刚创建的外部样式会出现在"CSS 设计器"面板的"源"选项组中，如图 7-24 所示。

◎ 附加外部样式

为不同网页的不同网页元素附加相同外部样式的具体操作步骤如下。

（1）在文档编辑窗口中选择网页元素。

（2）可以通过以下 3 种方法打开"使用现有的 CSS 文件"对话框，如图 7-25 所示。

● 选择"文件 > 附加样式表"命令。

● 选择"工具 > CSS > 附加样式表"命令。

● 在"CSS 设计器"面板中单击"源"选项组中的"添加 CSS 源"按钮 +，在弹出的菜单中选择"附加现有的 CSS 文件"命令，如图 7-26 所示。

图 7-24

图 7-25

图 7-26

（3）单击"文件/URL"选项右侧的"浏览"按钮，在弹出的"选择样式表文件"对话框中选择CSS样式，如图7-27所示。单击"确定"按钮，返回到"使用现有的CSS文件"对话框，如图7-28所示。

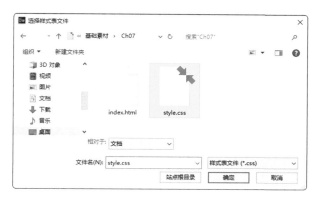

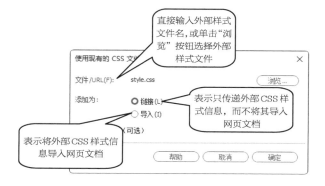

图 7-27 图 7-28

（4）单击"确定"按钮，完成外部样式的附加。刚附加的外部样式会出现在"CSS设计器"面板的"源"选项组中。

7 编辑样式

网站设计者有时需要修改应用于文档的内部样式和外部样式。如果修改内部样式，系统会自动重新设置受它控制的所有HTML对象的格式；如果修改外部样式文件，系统会自动重新设置与它链接的所有HTML文档。

编辑样式有以下两种方法。

● 先在"CSS设计器"面板的"选择器"选项组中选中某样式，然后在"属性"选项组中根据需要设置CSS属性，如图7-29所示。

● 在"属性"面板中，单击"编辑规则"按钮，如图7-30所示。弹出".text的CSS规则定义"（在style.css中）对话框，如图7-31所示。根据需要设置CSS属性，单击"确定"按钮完成设置。

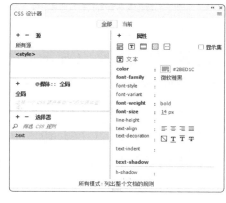

图 7-29

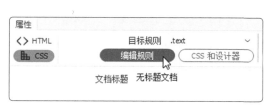

图 7-30

图 7-31

8 **"布局属性"选项组**

"布局"选项组用于控制网页中块元素的大小、边距、填充和位置等属性，如图 7-32 所示。

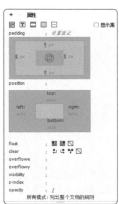

图 7-32

"布局"选项组包括以下 CSS 属性。

● **"width"（宽）和"height"（高）选项**：设置元素的宽度和高度，使其尺寸不受所包含内容的影响。

● **"min-width"（最小宽度）和"min-height"（最小高度）选项**：设置元素的最小宽度和最小高度。

● **"max-width"（最大宽度）和"max-height"（最大高度）选项**：设置元素的最大宽度和最大高度。

● **"display"（显示）选项**：指定是否显示及如何显示元素。"none"（无）表示关闭应用此属性元素的显示。

● **"margin"（边界）选项组**：控制围绕块元素的间隔，包括"top"（上）、"bottom"（下）、"left"（左）和"right"（右）4 个选项。若单击"更改所有属性"按钮，则可设置块元素有相同的间隔效果，否则块元素有不同的间隔效果。

● **"padding"（填充）选项组**：控制元素内容与盒子边框的间距，包括"top"（上）、"bottom"（下）、"left"（左）和"right"（右）4 个选项。若单击"更改所有属性"按钮，则可为块元素的各个边设置相同的填充效果，否则单独设置块元素的各个边的填充效果。

● **"position"（定位）选项**：确定定位的类型，其下拉列表中包括"static"（静态）、"absolute"（绝对）、"fixed"（固定）和"relative"（相对）4 个选项。"static"选项表示以对象在文档中的位置为坐标原点，将层放在它所在文本中的位置；"absolute"选项表示以页面左上角为坐标原点，使用"position"选项中输入的坐标值来放置层；"fixed"选项表示以页面左上角为坐标原点放置内容，当页面滚动时，内容将在此位置保持固定；"relative"选项表示以对象在文档中的位置为坐标原点，使用"position"选项中输入的坐标来放置层。

确定定位类型后，可通过"top""right""bottom""left"4 个选项来确定元素在网页中的具体位置。

● **"float"（浮动）选项**：设置网页元素（如文本、层、表格等）的浮动效果。

● **"clear"（清除）选项**：清除设置的浮动效果。

● **"overflow-x"（水平溢位）和"overflow-y"（垂直溢位）选项**：仅限于 CSS 层，用于确定在层的内容超出它的尺寸时的显示状态。其中，"visible"（可见）选项表示当层的内容超出层的尺寸时，层向右下方扩展以增加层的大小，使层内的所有内容均可见；"hidden"（隐藏）选项表示保持层的大小并剪辑层内任何超出层尺寸的内容；"scroll"（滚动）选项表示不论层的内容是否超出层的边界，都在层内添加滚动条；"auto"（自动）选项表示滚动条仅在层的内容超出层的边界时才显示；"no-content"（无内容）选项表示没有满足内容框的内容时，隐藏整个内容框；"no-display"（无显示）选项表示没有满足内容框的内容时，删除整个内容框。

● **"visibility"（显示）选项**：确定层的初始显示条件，包括"inherit"（继承）、"visible"（可见）、"hidden"（隐藏）和"collapse"（合并）4 个选项。"inherit"选项表示继承父级层的可见性属性，如果层没有父级层，则它将是可见的；"visible"选项表示无论父级层如何设置，都显示该层的内容；"hidden"选项表示无论父级层如何设置，都隐藏层的内容。如果不设置"visibility"选项，则大多数浏览器默认都继承父级层的属性。

● **"z-index"（z 轴）选项**：确定层的堆叠顺序，为元素设置重叠效果。编号较高的层显示在编号较低的层的上面。该选项使用整数，可以为正，也可以为负。

● **"opacity"（不透明度）选项**：设置元素的不透明度，取值范围为 0 ~ 1。当值为 0 时，元素完全透明；当值为 1 时，元素完全不透明。

⑨ "文本"选项组

"文本"选项组用于控制网页中文本的字体、字号、颜色、行距、首行缩进、对齐方式、文本阴影和列表属性等，如图 7-33 所示。

图 7-33

"文本"选项组包括以下 CSS 属性。

● **"color"（颜色）选项**：设置文本的颜色。

● **"font–family"（字体）选项**：设置字体。

● **"font–style"（样式）选项**：指定字体的风格为"normal"（正常）、"italic"（斜体）或"oblique"（偏斜体）。默认设置为"normal"。

● **"font–variant"（变体）选项**：将正常文本缩小一半后大写显示。IE 浏览器不支持该选项。Dreamweaver CC 2019 不在文档编辑窗口中显示该选项的效果。

● **"font–weight"（粗细）选项**：设置粗细效果，包含"normal"（正常）、"bold"（粗体）、"bolder"（特粗）、"lighter"（细体）和具体粗细值多个选项。通常"normal"选项等于 400 像素，"bold"选项等于 700 像素。

● **"font–size"（大小）选项**：定义文本的大小。在选项右侧的下拉列表中选择具体数值和度量单位。一般以像素为单位，这样可以有效地防止浏览器破坏文本的显示效果。

● **"line–height"（行高）选项**：设置文本所在行的行高。在选项右侧的下拉列表中选择具体数值和度量单位。若选择"normal"选项，则自动计算字体大小以适应行高。

● **"text–align"（文本对齐）选项**：设置区块文本的对齐方式，包括"left"（左对齐）按钮▤、"center"（居中）按钮▤、"right"（右对齐）按钮▤和"justify"（两端对齐）按钮▤ 4 个按钮。

● **"text–decoration"（修饰）选项组**：控制链接文本的显示形态，包括"none"（无）按钮◻、"underline"（下划线）按钮▼、"overline"（上划线）按钮▼、"line-through"（删除线）按钮▼ 4 个按钮。正常文本的默认设置是"none"，链接的默认设置为"underline"。

● **"text–indent"（文字缩进）选项**：设置区块文本的缩进程度。若要让区块文本突出显示，则该选项为负值，但显示效果主要取决于浏览器。

● **"text–shadow"（文本阴影）选项**：设置文本阴影效果。可以为文本添加一个或多个阴影效果。"h-shadow"（水平阴影位置）选项设置阴影的水平位置；"v-shadow"（垂直阴影位置）选项设置阴影的垂直位置；"blur"（模糊）选项设置阴影的边缘模糊效果；"color"（颜色）选项设置阴影的颜色。

● **"text–transform"（大小写）选项**：将选定内容中的每个单词的首字母大写，或将文本设置为全部大写或小写，包括"none"按钮◻、"capitalize"（首字母大写）按钮Ab、"uppercase"（大写）按钮AB和"lowercase"（小写）按钮ab 4 个按钮。

● **"letter–spacing"（字母间距）选项**：设置字母间的间距。若要减小间距，可以设置为负值。IE 浏览器 4.0 及更高版本、Netscape Navigator 浏览器 6.0 支持该选项。

● **"word–spacing"（单词间距）选项**：设置文本间的间距。若要减小间距，可以设置为负值，但显示效果取决于浏览器。

● **"white–space"（空格）选项**：控制元素中的空格输入，包括"normal"（正常）、

"nowrap"（不换行）、"pre"（保留）、"pre-line"（保留换行符）和"pre-wrap"（保留换行）5个选项。

● **"vertical-align"（垂直对齐）选项**：控制文本或图像相对于其母体元素的垂直位置。若将图像同其母体元素文字的顶部垂直对齐，则该图像将在该行文字的顶部显示。该选项包括"baseline"（基线）、"sub"（下标）、"super"（上标）、"top"（顶部）、"text-top"（文本顶对齐）、"middle"（中线对齐）、"bottom"（底部）和"text-bottom"（文本底对齐）8个选项。"baseline"选项表示将元素的基准线同母体元素的基准线对齐；"top"选项表示将元素的顶部同最高的母体元素对齐；"bottom"选项表示将元素的底部同最低的母体元素对齐；"sub"选项表示将元素以下标形式显示；"super"选项表示将元素以上标形式显示；"text-top"选项表示将元素顶部同母体元素文字的顶部对齐；"middle"选项表示将元素中点同母体元素文字的中点对齐；"text-bottom"选项表示将元素底部同母体元素文字的底部对齐。

● **"list-style-position"（位置）选项**：用于描述列表的位置，包括"inside"（内）按钮▤和"outside"（外）按钮▤两个按钮。

● **"list-style-image"（项目符号图像）选项**：为项目符号指定自定义图像，包括"URL"（链接）和"none"两个选项。

● **"list-style-type"（类型）选项**：设置项目符号或编号的外观，其下拉列表中有21个选项，比较常用的有"disc"（圆点）、"circle"（圆圈）、"square"（方块）、"decimal"（数字）、"lower-roman"（小写罗马数字）、"upper-roman"（大写罗马数字）、"lower-alpha"（小写字母）、"upper-alpha"（大写字母）和"none"等。

⑩ **"边框"选项组**

"边框"选项组用于控制块元素的边框粗细、样式、颜色及圆角，如图7-34所示。

"边框"选项组包括以下CSS属性。

● **"border"（边框）选项**：以速记的方法设置所有边框的粗细、样式及颜色。如果需要对单个边框或多个边框进行自定义，可以单击"border"选项下方的"所有边"按钮▣、"顶部"按钮▣、"右侧"按钮▣、"底部"按钮▣或"左侧"按钮▣，切换到相应的属性，再通过"width"（宽度）、"style"（样式）和"color"（颜色）3个属性来设置边框的显示效果。

● **"width"（宽度）选项**：设置块元素边框的粗细，其下拉列表中包括"thin"（细）、"medium"（中）、"thick"（粗）和具体值等多个选项。

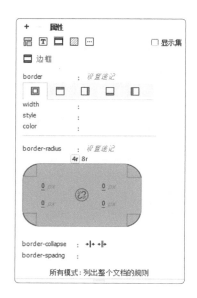

图7-34

● **"style"（样式）选项**：设置块元素边框的样式，其下拉列表中包括"none"、"dotted"（点划线）、"dashed"（虚线）、"solid"（实线）、"double"（双线）、"groove"（槽状）、"ridge"（脊状）、"inset"（凹陷）和"outset"（凸出）9 个选项。若取消勾选"全部相同"复选框，则可为块元素的各边框设置不同的样式。

● **"color"（颜色）选项组**：设置块元素边框的颜色。若取消勾选"全部相同"复选框，则可为块元素各边框设置不同的颜色。

● **"border-radius"（圆角）选项**：以速记的方法设置所有圆角的半径（r）。例如设置速记为"10 px"，表示所有圆角的半径均为 10 px。如果需要设置单个圆角的半径，则可直接在相应的圆角处输入数值，如图 7-35 所示。

● 4r：单击此按钮，圆角以 4r 的方式输入，如图 7-36 所示。

● 8r：单击此按钮，圆角以 8r 的方式输入，如图 7-37 所示。

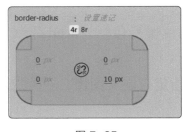
图 7-35

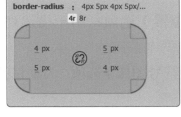
图 7-36

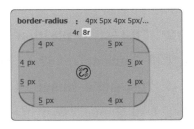
图 7-37

● **"border-collapse"（边框折叠）选项**：设置是否将边框折叠为单一边框显示，包括"collapse"（合并）按钮和"separate"（分离）按钮两个按钮。

● **"border-spacing"（边框空间）选项**：设置两个相邻边框之间的距离，仅当"border-collapse"选项设置为"separate"时可用。

⑪ "背景"选项组

"背景"选项组用于为网页元素设置背景图像或背景颜色，如图 7-38 所示。

图 7-38

"背景"选项组包括以下 CSS 属性。

● "**background-color**"（**背景颜色**）选项：设置网页元素的背景颜色。

● "**background-image**"（**背景图像**）选项：设置网页元素的背景图像。

● "**background-position**"（**背景位置**）选项：设置背景图像相对于元素的初始位置，包括"left"、"right"、"center"（水平居中）、"top"、"bottom 和"center"（垂直居中）6 个选项。利用该选项可将背景图像与页面中心垂直和水平对齐。

● "**background-size**"（**背景尺寸**）选项：设置背景图像的宽度和高度来确定背景图像的大小。

● "**background-clip**"（**背景剪辑**）选项：设置背景的绘制区域，包括"padding-box"（剪辑内边距）、"border-box"（剪辑边框）、"content-box"（剪辑内容框）3 个选项。

● "**background-repeat**"（**重复**）选项：设置背景图像的平铺方式，包括"repeat"（重复）按钮▦、"repeat-x"（横向重复）按钮▪▪、"repeat-y"（纵向重复）按钮▮和"no-repeat"（不重复）按钮▪ 4 个按钮。若单击"repeat"按钮▦，则在元素的后面水平或垂直平铺图像；若单击"repeat-x"按钮▪▪或"repeat-y"按钮▮，则在元素的后面沿水平方向或沿垂直方向平铺图像，此时图像被剪辑，以适合元素的边界；若单击"no-repeat"按钮▪，则在元素开始处按原图大小只显示一次图像。

● "**background-origin**"（**背景原点**）选项：设置"background-position"选项以哪种方式进行定位，包括"padding-box""border-box""content-box"3 个选项。当"background-attachment"选项设置为"fixed"时，该属性无效。

● "**background-attachment**"（**背景滚动**）选项：设置背景图像固定或随页面内容的移动而移动，包括"scroll"（滚动）和"fixed"（固定）两个选项。

● "**box-shadow**"（**方框阴影**）选项：设置方框阴影效果，可为方框添加一个或多个阴影。"h-shadow"（水平阴影位置）和"v-shadow"（垂直阴影位置）选项设置阴影的水平和垂直位置；"blur"（模糊）选项设置阴影的边缘模糊效果；"color"（颜色）选项设置阴影的颜色；"inset"（可选）选项设置外部阴影与内部阴影之间的切换。

7.1.4　任务实施

① 插入表格并输入文字

（1）选择"文件 > 打开"命令，在弹出的"打开"对话框中，选择云盘中的"Ch07 > 素材 > 7.1 制作山地车网页 > index.html"文件，单击"打开"按钮打开文件，如图 7-39 所示。将光标置于图 7-40 所示的单元格中。

图 7-39　　　　　　　　　　　　　　　　　　　图 7-40

（2）在"插入"面板的"HTML"选项卡中单击"Table"按钮 ▦ ，在弹出的"Table"对话框中进行设置，如图 7-41 所示。单击"确定"按钮完成表格的插入，效果如图 7-42 所示。

图 7-41　　　　　　　　　　　　图 7-42

（3）在"属性"面板的"表格"文本框中输入"Nav"，如图 7-43 所示。在单元格中分别输入文字，如图 7-44 所示。

图 7-43　　　　　　　　　　　　图 7-44

（4）选中文字"图片新闻"，如图 7-45 所示。在"属性"面板的"链接"文本框中输入"#"，为文字制作空链接效果，如图 7-46 所示。用相同的方法为其他文字添加链接，效果如图 7-47 所示。

图 7-45　　　　　　　　　　　　　　图 7-46　　　　　　　　　　　　　图 7-47

② 设置 CSS 属性

（1）选择"窗口 > CSS 设计器"命令，弹出"CSS 设计器"面板。单击"源"选项组中的"添加 CSS 源"按钮 ✚，在弹出的菜单中选择"创建新的 CSS 文件"命令，弹出"创建新的 CSS 文件"对话框，如图 7-48 所示。单击"文件 /URL"选项右侧的"浏览"按钮，弹出"将样式表文件另存为"对话框，在"文件名"文本框中输入"style"，如图 7-49 所示。单击"保存"按钮，返回到"创建新的 CSS 文件"对话框中，单击"确定"按钮，完成样式的创建。

图 7-48　　　　　　　　　　图 7-49

（2）单击"选择器"选项组中的"添加选择器"按钮 ✚，在"选择器"选项组的文本框中输入名称"#Nav a:link, #Nav a:visited"，按 Enter 键确认，如图 7-50 所示。在"属性"选项组中单击"文本"按钮 T，切换到文本属性，将"color"选项设为黑色、"font-size"选项设为 14 px，单击"text-align"选项右侧的"center"按钮 ☰，单击"text-decoration"选项右侧的"none"按钮 ◻，如图 7-51 所示。单击"背景"按钮 ▨，切换到背景属性，将"background-color"选项设为灰白色（#f2f2f2），如图 7-52 所示。

（3）单击"布局"按钮 ▦，切换到布局属性，将"display"选项设为"block"，将"padding"选项设为 4 px，如图 7-53 所示。单击"边框"按钮 ▫，切换到边框属性，单击"border"选项下方的"全部"按钮 ▫，将"width"选项设为 2 px，将"style"选项设为"solid"，将"color"选项设为白色，如图 7-54 所示。

图 7-50　　　　　　　　图 7-51　　　　　　　　图 7-52

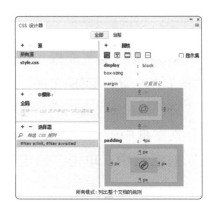
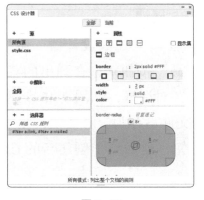

图 7-53　　　　　　　　　　　　　图 7-54

（4）单击"选择器"选项组中的"添加选择器"按钮 **+**，在"选择器"选项组的文本框中输入名称"#Nav a:hover"，按 Enter 键确认，如图 7-55 所示。在"属性"选项组中单击"背景"按钮，切换到背景属性，将"background-color"选项设为白色，如图 7-56 所示。单击"布局"按钮，切换到布局属性，将"margin"选项设为 2 px，将"padding"选项设为 2 px，如图 7-57 所示。

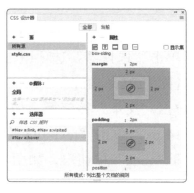

图 7-55　　　　　　　　　图 7-56　　　　　　　　　　图 7-57

（5）单击"边框"按钮，切换到边框属性，单击"border"选项下方的"顶部"按钮，将"width"选项设为 1 px，将"style"选项设为"solid"，将"color"选项设为蓝色（#29679c），如图 7-58 所示。用相同的方法设置左框线样式，如图 7-59 所示。单击"文本"按钮，切换到文本属性，单击"text-decoration"选项右侧的"underline"按钮，如图 7-60 所示。

图 7-58　　　　　　　　　图 7-59　　　　　　　　　　图 7-60

（6）保存文档，按 F12 键预览效果，如图 7-61 所示。当鼠标指针经过导航按钮时，该按钮的背景和边框颜色会改变，效果如图 7-62 所示。

图 7-61

图 7-62

7.1.5　扩展实践：制作电商网页

在"CSS 设计器"面板中设置文本的大小、颜色及行距等显示效果。最终效果参看云盘中的"Ch07 > 效果 > 制作电商网页 > index.html"文件，如图 7-63 所示。

制作电商网页

图 7-63

任务 7.2　制作足球运动网页

7.2.1　任务引入

Football 是一个足球爱好者平台，平台提供多项足球赛事的视频资源及足球资讯。本任务要求为其制作足球运动网页，要求设计能够体现出足球运动的特点和平台特色。

制作足球运动网页

7.2.2　设计理念

该网页使用绿色作为背景颜色，营造出足球场的氛围，在呼应主题的同时，使人身心愉悦；色彩线条的运用，使足球场主图充满竞技感；使用足球剪影图标的导航栏趣味十足，让人眼前一亮。最终效果参看云盘中的"Ch07＞效果＞7.2制作足球运动网页＞index.html"文件，如图7-64所示。

图 7-64

7.2.3　任务知识："CSS 过渡效果"面板

❶ "CSS 过渡效果"面板

CSS 的过渡效果允许 CSS 属性值在一定时间区间（设置的）内平滑地过渡，营造出渐变的效果。鼠标单击、鼠标指针经过或对元素进行任何改变都可以设置触发 CSS 过渡效果。

在"CSS 过渡效果"面板中可以新建、删除和编辑 CSS 过渡效果，如图 7-65 所示。

图 7-65

"新建过渡效果"按钮➕：单击此按钮，可以创建新的过渡效果。

"删除选定的过渡效果"按钮➖：单击此按钮，可以将选定的过渡效果删除。

"编辑所选过渡效果"按钮✏：单击此按钮，可以在弹出的"编辑过渡效果"对话框中修改所选的过渡效果的属性。

❷ 创建 CSS 过渡效果

在创建 CSS 过渡效果时，需要为元素指定过渡效果类。如果在创建效果类之前已选择元素，则过渡效果类会自动应用于选定的元素。

创建 CSS 过渡效果的具体操作步骤如下。

（1）新建或打开一个文档。

（2）选择"窗口＞CSS 过渡效果"命令，弹出"CSS 过渡效果"面板，如图 7-66 所示。

（3）单击"新建过渡效果"按钮➕，弹出"新建过渡效果"对话框，如图 7-67 所示。

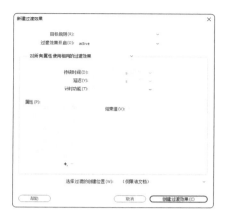

图 7-66   图 7-67

● **"目标规则"选项**：用于选择或输入要创建的过渡效果的类型。

● **"过渡效果开启"选项**：用于设置过渡效果以哪种类型开启。

● **"对所有属性使用相同的过渡效果"选项**：选择此选项，"持续时间""延迟""计时功能"选项的值相同。

● **"对每个属性使用不同过渡效果"选项**：选择此选项，可以将"持续时间""延迟""计时功能"选项设置为不同的值。

● **"属性"选项**：用于添加属性，单击"属性"选项下方的 ➕ 按钮，在弹出的菜单中选择需要的属性即可。

● **"结束值"选项**：用于设置添加属性后的值。

● **"选择过渡的创建位置"选项**：用于设置过渡效果的保存位置，包括"（仅限该文档）"和"（新建样式表文件）"两个选项。

（4）在"新建过渡效果"对话框中设置好各选项后，单击"创建过渡效果"按钮，完成过渡效果的创建，"CSS过渡效果"面板中将自动生成创建的过渡效果。

（5）保存文档，按F12键预览效果。在Dreamweaver CC 2019中看不到过渡的真实效果，只有在浏览器中才能看到真实效果。

7.2.4 任务实施

（1）选择"文件 > 打开"命令，在弹出的"打开"对话框中，选择云盘中的"Ch07 > 素材 > 7.2 制作足球运动网页 > index.html"文件，单击"打开"按钮打开文件，效果如图 7-68 所示。

（2）选择"窗口 > CSS 设计器"命令，弹出"CSS 设计器"面板。单击"选择器"选项组中的"添加选择器"按钮 ➕，在"选择器"选项组的文本框中输入名称".text"，按 Enter 键确认，如图 7-69 所示。在"属性"选项组中单击"文本"按钮 T，切换到文本属性，将"color"选项设为白色，将"font-family"选项设为"ITC Franklin Gothic Heavy"，将"font-size"选项设为 48px，如图 7-70 所示。

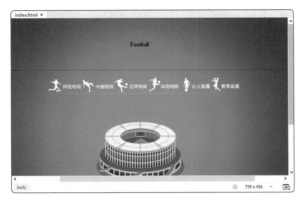

图 7-68　　　　　　　图 7-69　　　　　　　图 7-70

（3）选中图 7-71 所示的文字，在"属性"面板的"类"下拉列表中选择".text"选项，应用该样式，效果如图 7-72 所示。

图 7-71　　　　　　　　　　图 7-72

（4）选择"窗口＞CSS 过渡效果"命令，弹出"CSS 过渡效果"面板，如图 7-73 所示。单击"新建过渡效果"按钮，弹出"新建过渡效果"对话框，如图 7-74 所示。

图 7-73　　　　　　　　　　图 7-74

（5）在"目标规则"下拉列表中选择".text"选项，在"过渡效果开启"下拉列表中选择"hover"选项，将"持续时间"选项设为 2s、"延迟"选项设为 1s，如图 7-75 所示。单击"属性"选项下方的按钮，在弹出的菜单中选择"color"命令，将"结束值"选项设为红色（#FF0004），如图 7-76 所示。单击"创建过渡效果"按钮，完成过渡效果的创建。

图 7-75　　　　　　　　　　　　　　　　　图 7-76

（6）保存文档，按 F12 键预览效果，如图 7-77 所示。当鼠标指针悬停在文字上时，文字在 1 秒后变为红色，如图 7-78 所示。

图 7-77　　　　　　　　　　　　　　　　　图 7-78

7.2.5　扩展实践：制作鲜花速递网页

在"CSS 过渡效果"面板中为文字添加阴影效果。最终效果参看云盘中的"Ch07 > 效果 > 7.2.5 扩展实践：制作鲜花速递网页 > index.html"文件，如图 7-79 所示。

制作鲜花速递网页

图 7-79

任务 7.3　项目演练：制作布艺沙发网页

制作布艺沙发网页

7.3.1　任务引入

"Easy Life"是一家家居用品公司，产品主要包括家具、灯具等。现公司推出新产品"布艺沙发"，本任务要求为其制作布艺沙发网页，要求设计能够体现出产品特色及品牌特点。

7.3.2　设计理念

该网页采用以布艺沙发为主的家居实景照片作为区域背景，营造出清新、闲适的氛围与宣传的主题相呼应；产品展示部分，选用不同风格的沙发图片，突出了公司产品的全面性。最终效果参看云盘中的"Ch07 > 效果 > 7.3 制作布艺沙发网页 > index.html"文件，如图 7-80 所示。

图 7-80

项目8

了解固定页面布局
——模板和库

08

　　一个网站是由多个网页组成的。为了保持站点中网页风格的统一，需要在每个网页中制作一些相同的内容，如相同的导航条、图标等，这是一项需要花费大量时间和精力的重复工作。为了减少网站设计者的工作量，提高他们的工作效率，将他们从大量的重复性工作中解脱出来，Dreamweaver CC 2019提供了模板和库功能。通过本项目的学习，读者可以掌握模板和库的使用方法与技巧。

学习引导

知识目标

- 了解"资源"面板的使用方法；
- 了解模板的创建及编辑方法。

能力目标

- 熟练掌握模板的使用方法；
- 掌握库文件的使用方法。

素养目标

- 培养对网页共享区域的编辑兴趣。

实训项目

- 制作慕斯蛋糕店网页；
- 制作鲜果批发网页。

任务 8.1　制作慕斯蛋糕店网页

8.1.1　任务引入

慕斯（Mousee）蛋糕店售卖多种口味的慕斯蛋糕，包括芒果慕斯、草莓慕斯、奇异果慕斯、黄桃慕斯等。为了促进销售，现蛋糕店计划开拓线上订购服务，本任务要求为其制作慕斯蛋糕店网页，要求设计突出蛋糕店的特色产品。

8.1.2　设计理念

该网页主体采用浅色的色调，营造出清新、淡雅的氛围；水果图片的展示突出了蛋糕店原料的新鲜与健康；页面下方的特色产品简介，使浏览者可以更好地感受到产品的魅力。最终效果参看云盘中的"Templates > musi.dwt"文件，如图 8-1 所示。

图 8-1

8.1.3　任务知识：创建模板、管理模板

① "资源"面板

"资源"面板用于管理和使用制作网站的各种元素，如图像、视频文件等。选择"窗口 > 资源"命令，即可弹出"资源"面板，如图 8-2 所示。

"资源"面板提供了"站点"和"收藏"两种查看资源的方式，"站点"列表显示站点的所有资源，"收藏"列表仅显示用户曾明确选择的资源。在这两个列表中，资源被分成"图像" 🖼️、"颜色" 🎨、"URLs" 🔗、"媒体" 🎬、"脚本" 🔲、"模板" 📄、"库" 📖 7 种类别，显示在"资源"面板的左侧。"图像"列表中只显示 GIF、JPEG 和 PNG 格式的图像文件；"颜色"列表显示站点的文档和样式表中使用的颜色，包括文本颜色、

图 8-2

背景颜色和链接颜色；"URLs"列表显示当前站点文档中的外部链接，包括 FTP、Gopher、HTTP、HTTPS、JavaScript、电子邮件（mailto）和本地文件（file://）类型的链接；

"媒体"列表显示任意版本的"*.swf"格式文件,不显示 Flash 源文件("*.quicktime"和"*.mpeg"格式文件),"脚本"列表显示独立的 JavaScript 或 VBScript 文件;"模板"列表显示模板文件,方便用户在多个页面上重复使用同一页面布局;"库"列表显示定义的库项目。

在"模板"列表中,"资源"面板底部有 4 个按钮,分别是"插入"按钮、"刷新站点列表"按钮 C 、"编辑"按钮 ▷ 、"添加到收藏夹"按钮 +∎ 。"插入"按钮用于将"资源"面板中选定的元素直接插入文档;"刷新站点列表"按钮用于刷新站点列表;"编辑"按钮用于编辑当前选定的元素;"添加到收藏夹"按钮用于将选定的元素添加到收藏夹。单击面板右上方的菜单按钮 ≡ ,弹出一个菜单,菜单中包含"资源"面板中的一些常用命令,如图 8-3 所示。

图 8-3

❷ 创建模板

在 Dreamweaver CC 2019 中创建模板非常容易。当用户创建模板之后,Dreamweaver CC 2019 会自动把模板存储在站点的本地根目录的"Templates"子文件夹中,文件扩展名为"dwt"。如果此子文件夹不存在,当存储一个新模板时,Dreamweaver CC 2019 会自动生成此子文件夹。

◎ 创建空白模板

创建空白模板有以下 3 种方法。

● 在打开的文档编辑窗口中单击"插入"面板"模板"选项卡中的"创建模板"按钮 ▷ ,将当前文档转换为模板文档。

● 在"资源"面板中单击"模板"按钮 🖾 ,此时列表为"模板"列表,如图 8-4 所示。单击下方的"新建模板"按钮 ↻ ,创建空白模板。新的模板将添加到"资源"面板的"模板"列表中。为该模板输入名称,如图 8-5 所示。

图 8-4

图 8-5

● 在"资源"面板的"模板"列表中单击鼠标右键,在弹出的快捷菜单中选择"新建模板"命令。

提示

如果要修改新建的空白模板，则先在"模板"列表中选中该模板，然后单击"资源"面板右下方的"编辑"按钮 ；如果要重命名新建的空白模板，则单击"资源"面板右上方的菜单按钮 ，在弹出的菜单中选择"重命名"命令，然后输入新名称即可。

◎ 将现有文档存为模板

（1）选择"文件 > 打开"命令，弹出"打开"对话框，如图 8-6 所示。选择要作为模板的网页文件，然后单击"打开"按钮打开文件。

（2）选择"文件 > 另存模板"命令，弹出"另存模板"对话框，输入模板名称，如图 8-7 所示。

图 8-6

图 8-7

（3）单击"保存"按钮，弹出提示对话框，单击"是"按钮，此时窗口标题栏显示"<< 模板 >> zixun.dwt"字样，表明当前文档是一个模板文档，如图 8-8 所示。

图 8-8

3 定义和取消可编辑区域

创建模板后，网站设计者可能还需要对模板的内容进行编辑，这时可以指定模板中哪些内容是可以编辑的、哪些内容是不可以编辑的。不可编辑模板区域是指基于模板创建的网页中固定不变的元素；可编辑模板区域是指基于模板创建的网页中用户编辑修改的区域。当创建一个模板或将一个网页另存为模板时，Dreamweaver CC 2019 默认将所有区域标志为锁定，因此设计者要根据具体要求定义和修改模板的可编辑区域。

◎ 对已有的模板进行修改

在"资源"面板的"模板"列表中选择要修改的模板，单击面板右下方的"编辑"按钮 或双击模板，就可以在文档编辑窗口中编辑该模板了。

当模板应用于文档时，用户只能在可编辑区域中进行更改，无法修改锁定区域。

提示

◎ 定义可编辑区域

（1）选择区域。

选择区域有以下两种方法。

● 在文档编辑窗口中选择要设置为可编辑区域的文本或内容。

● 在文档编辑窗口中将光标放在要插入可编辑区域的位置。

（2）打开"新建可编辑区域"对话框。

打开"新建可编辑区域"对话框有以下4种方法。

● 在"插入"面板"模板"选项卡中，单击"可编辑区域"按钮 。

● 按 Ctrl+Alt+V 组合键。

● 选择"插入 > 模板 > 可编辑区域"命令。

● 在文档编辑窗口中单击鼠标右键，在弹出的快捷菜单中选择"模板 > 新建可编辑区域"命令。

（3）创建可编辑区域。

在"名称"文本框中为该区域设置唯一的名称，如图 8-9 所示。单击"确定"按钮创建可编辑区域，如图 8-10 所示。

图 8-9

图 8-10

可编辑区域在模板中由高亮显示的矩形边框围绕，该边框使用在"首选项"对话框中设置的高亮颜色，该区域左上角显示该区域的名称。

（4）使用可编辑区域的注意事项如下。

● 不要在"名称"文本框中输入特殊字符。

● 不能对同一模板中的多个可编辑区域使用相同的名称。

● 可以将整个表格或单独的表格单元格标为可编辑区域，但不能将多个表格单元格标为单个可编辑区域。如果选定 <td> 标签，则可编辑区域中包括单元格周围的区域；否则在可编辑区域中编辑将只影响单元格中的内容。

● 层和层的内容是单独的元素。层可编辑时可以更改层的位置及其内容，而层的内容可编辑时只能更改层的内容而不能更改其位置。

● 在普通网页文档中插入一个可编辑区域时，Dreamweaver CC 2019 会提示该文档将自动另存为模板。

● 可编辑区域不能嵌套插入。

◎ 定义可编辑的重复区域

重复区域是可以根据需要在基于模板的页面中复制任意次数的模板部分。重复区域通常用于表格，但也可以为其他页面元素定义重复区域。重复区域不是可编辑区域，若要使重复区域中的内容可编辑，则必须在重复区域内插入可编辑区域。

定义可编辑的重复区域的具体操作步骤如下。

（1）选择区域。

（2）打开"新建重复区域"对话框。

打开"新建重复区域"对话框有以下 3 种方法。

● 在"插入"面板的"模板"选项卡中单击"重复区域"按钮 🗅。

● 选择"插入 > 模板 > 重复区域"命令。

● 在文档编辑窗口中单击鼠标右键，在弹出的快捷菜单中选择"模板 > 新建重复区域"命令。

（3）定义重复区域。

在"名称"文本框中为模板区域设置唯一的名称，如图 8-11 所示。单击"确定"按钮，将重复区域插入模板中。选择整个重复区域或一部分重复区域，如表格、行或单元格，定义可编辑区域，如图 8-12 所示。

图 8-11

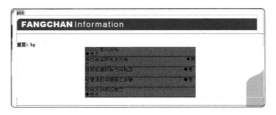

图 8-12

提示　在一个重复区域内可以继续插入另一个重复区域。

◎ 定义可编辑的重复表格

如果制作的网页的内容需要经常变化，可使用"重复表格"功能创建模板。此功能可以定义表格属性，并且可以设置哪些表格的单元格可编辑。在利用此功能创建的模板中，可以方便地增加或减少表格中格式相同的行，满足网页内容经常变化的需求。

图 8-13

定义可编辑的重复表格的具体操作步骤如下。

（1）将光标放在文档编辑窗口中要插入重复表格的位置。

（2）打开"插入重复表格"对话框，如图 8-13 所示。

打开"插入重复表格"对话框有以下两种方法。

● 在"插入"面板的"模板"选项卡中单击"重复表格"按钮 ≣。

● 选择"插入 > 模板 > 重复表格"命令。

（3）按需要输入新值，单击"确定"按钮，重复表格即出现在模板中，如图 8-14 所示。

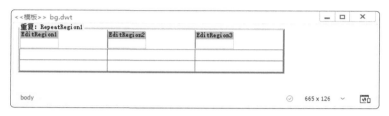

图 8-14

使用重复表格时要注意以下几点。

● 如果没有明确指定单元格边距和单元格间距的值，则大多数浏览器按单元格边距为1、单元格间距为 2 来显示表格。若要浏览器显示的表格没有边距和间距，应将"单元格边距"选项和"单元格间距"选项都设置为 0。

● 如果没有明确指定边框的值，则大多数浏览器按边框宽度为 1 显示表格。若要浏览器显示的表格没有边框，应将"边框"选项设置为 0。若要在"边框"选项为 0 的情况下查看单元格和表格边框，则要选择"查看 > 可视化助理 > 表格边框"命令。

● 重复表格可以包含在重复区域内，但不能包含在可编辑区域内。

◎ 取消可编辑区域

使用"取消可编辑区域"命令可取消可编辑区域、使之成为不可编辑区域。取消可编辑区域有以下两种方法。

图 8-15

● 先选择可编辑区域，然后选择"工具 > 模板 > 删除模板标记"命令，此时该区域变成不可编辑区域。

● 先选择可编辑区域，然后在文档编辑窗口下方的可编辑区域标签上单击鼠标右键，在弹出的快捷菜单中选择"删除标签"命令，如图 8-15 所示。此时该区域变成不可编辑区域。

4 创建基于模板的网页

创建基于模板的网页有两种方法：一是使用"新建"命令创建基于模板的新文档；二是利用"资源"面板中的模板创建基于模板的网页。

◎ 使用"新建"命令创建基于模板的新文档

（1）选择"文件 > 新建"命令，打开"新建文档"对话框，选择"网站模板"选项，切换到"网页模板"选项卡。在"站点"列表中选择本网站的站点，如"文稿"，再在右侧选择一个模板文件，如图8-16所示。单击"创建"按钮，创建基于模板的新文档。

（2）编辑完文档后，选择"文件 > 保存"命令，保存所创建的文档。在文档编辑窗口中按照模板中的设置建立了一个新的页面，并可以向可编辑区域内添加信息，如图8-17所示。

图 8-16

图 8-17

◎ 利用"资源"面板中的模板创建基于模板的网页

新建HTML文档，选择"窗口 > 资源"命令，弹出"资源"面板。在"资源"面板中，先单击左侧的"模板"按钮 ，再从"模板"列表中选择相应的模板，最后单击面板下方的"应用"按钮，如图8-18所示，在文档中应用该模板。

图 8-18

5 管理模板

◎ 重命名模板文件

（1）选择"窗口 > 资源"命令，弹出"资源"面板，单击左侧的"模板"按钮 ，面板右侧显示出本站点的"模板"列表，如图8-19所示。

（2）在"模板"列表中双击模板的名称，然后输入一个新名称。

（3）按Enter键使更改生效，此时弹出"更新文件"对话框，如图8-20所示。若要更新网站中所有基于此模板的网页，单击"更新"按钮；否则单击"不更新"按钮。

◎ 修改模板文件

（1）选择"窗口 > 资源"命令，弹出"资源"面板，单击左侧的"模板"按钮 ，面板右侧显示出本站点的"模板"列表，如图8-21所示。

图 8-19

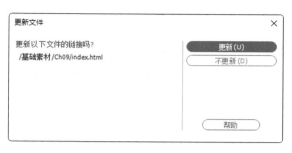
图 8-20

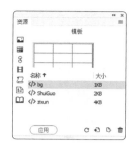
图 8-21

（2）在"模板"列表中双击要修改的模板文件，将其打开，根据需要修改模板内容。例如，为表格第 2 行添加背景颜色，如图 8-22 和图 8-23 所示。

图 8-22

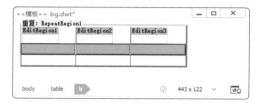
图 8-23

◎ 用模板最新版本更新

用模板的最新版本更新整个站点或应用了特定模板的所有网页，具体操作步骤如下。

（1）打开"更新页面"对话框。

选择"工具 > 模板 > 更新页面"命令，弹出"更新页面"对话框，如图 8-24 所示。

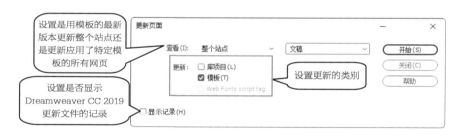
图 8-24

勾选"显示记录"复选框，则下方的文本框中将显示试图更新的文件信息，以及是否更新成功的信息，如图 8-25 所示。

（2）若要用模板的最新版本更新整个站点，则在"查看"选项右侧的第 1 个下拉列表中选择"整个站点"选项，然后在第 2 个下拉列表中选择站点名称；若要更新应用了特定模板的所有网页，则在"查看"选项右侧的第 1 个下拉列表中选择"文件使用 ..."选项，然后在第 2 个下拉列表中选择相应的网页名称。

图 8-25

（3）在"更新"选项组中勾选"模板"复选框。

（4）单击"开始"按钮，即可根据设置更新整个站点或应用了特定模板的所有网页。

（5）单击"关闭"按钮，关闭"更新页面"对话框。

◎ 删除模板文件

选择"窗口 > 资源"命令，弹出"资源"面板。单击左侧的"模板"按钮 ，面板右侧显示出本站点的"模板"列表。单击模板的名称选择模板，单击面板下方的"删除"按钮 ，并确认要删除该模板，即可将该模板文件从站点中删除。

提示   删除模板后，基于此模板的网页不会与此模板分离，它们还保留着被删除模板的结构和可编辑区域。

8.1.4 任务实施

1 创建模板

（1）选择"文件 > 打开"命令，在弹出的"打开"对话框中，选择云盘中的"Ch08 > 素材 > 8.1 制作慕斯蛋糕店网页 > index.html"文件，单击"打开"按钮打开文件，如图 8-26 所示。

（2）单击"插入"面板"模板"选项卡中的"创建模板"按钮 ，在弹出的"另存模板"对话框中进行设置，如图 8-27 所示。单击"保存"按钮，弹出提示对话框，如图 8-28 所示。单击"是"按钮，将当前文档转换为模板文档，文档名称也随之改变，如图 8-29 所示。

图 8-26

<table>
<tr><td colspan="2">另存模板</td><td>✕</td></tr>
<tr><td>站点：</td><td>文稿 ▾</td><td>保存</td></tr>
<tr><td>现存的模板：</td><td>（没有模板）</td><td>取消</td></tr>
<tr><td>描述：</td><td></td><td></td></tr>
<tr><td>另存为：</td><td>musi</td><td>帮助</td></tr>
</table>

图 8-27

图 8-28

图 8-29

❷ 创建可编辑区域

（1）选中图 8-30 所示的图片，单击"插入"面板"模板"选项卡中的"可编辑区域"按钮 ▷，弹出"新建可编辑区域"对话框，在"名称"文本框中输入名称"Pic"，如图 8-31 所示，单击"确定"按钮创建可编辑区域，如图 8-32 所示。

图 8-30　　　　　　　　　　图 8-31　　　　　　　　　　图 8-32

（2）选中图 8-33 所示的图片，单击"插入"面板"模板"选项卡中的"可编辑区域"按钮 ▷，弹出"新建可编辑区域"对话框，在"名称"文本框中输入名称"Pic 01"，如图 8-34 所示。单击"确定"按钮创建可编辑区域，如图 8-35 所示。模板网页效果制作完成。

图 8-33　　　　　　　　　　图 8-34　　　　　　　　　　图 8-35

8.1.5　扩展实践：制作游天下网页

使用"创建模板"按钮创建模板；使用"可编辑区域"按钮和"重复区域"按钮制作可编辑区域和重复可编辑区域。最终效果参看云盘中的"Templates ＞ YTX.dwt"文件，如图 8-36 所示。

制作游天下网页

图 8-36

任务 8.2　制作鲜果批发网页

8.2.1　任务引入

制作鲜果批发网页

"鲜果"是一个水果一站式批发平台，可实现线上预订、采购、入库、分拣、配送等功能。本任务要求为其制作鲜果批发网页，要求设计主题明确、模块丰富，方便用户操作。

8.2.2　设计理念

该网页使用水果照片作为背景，强调产品的品质；信息栏分类清晰，便于理解；工整的产品展示与平台信息体现出企业严谨的工作态度。最终效果参看云盘中的"Ch08 > 效果 > 8.2 制作鲜果批发网页 > index.html"文件，如图 8-37 所示。

图 8-37

8.2.3　任务知识：创建库文件、添加库项目

❶ 创建库文件

库项目可以包含文档 <body> 部分中的任意元素，包括文本、表格、表单、Java Applet、插件、ActiveX 元素、导航条和图像等。库项目只是一个对网页元素的引用，原始文件必须保存在指定的位置。

◎ 基于选定内容创建库项目

先在文档编辑窗口中选择要创建为库项目的网页元素，然后创建库项目，并为新的库项目输入一个名称。

创建库项目有以下 3 种方法。

● 单击"库"面板底部的"新建库项目"按钮 ➦ 。

● 在"库"面板中单击鼠标右键，在弹出的快捷菜单中选择"新建库项目"命令。

● 选择"工具 > 库 > 增加对象到库"命令。

提示

Dreamweaver CC 2019 在站点本地根目录的"Library"文件夹中将每个库项目都保存为一个单独的文件(文件扩展名为"lbi")。

◎ 创建空白库项目

创建空白库项目之前,应先确保没有在文档编辑窗口中选择任何内容。

(1)选择"窗口 > 资源"命令,弹出"资源"面板。单击"库"按钮 📖 ,进入"库"列表。

(2)单击面板底部的"新建库项目"按钮 🔄 ,一个新的无标题的库项目被添加到面板的列表中,如图 8-38 所示。然后为该项目输入一个名称,并按 Enter 键确定。

图 8-38

② 向页面添加库项目

当向页面添加库项目时,将把实际内容及对该库项目的引用一起插入文档中。此时无须提供原项目就可以正常显示。在页面中插入库项目的具体操作步骤如下。

(1)将光标放在文档编辑窗口中的合适位置。

(2)选择"窗口 > 资源"命令,弹出"资源"面板。单击"库"按钮 📖,进入"库"列表。将库项目插入网页,效果如图 8-39 所示。

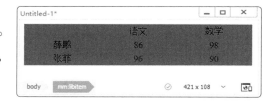

图 8-39

将库项目插入网页有以下两种方法。

● 将一个库项目从"库"列表拖曳到文档编辑窗口中。

● 在"库"列表中选择一个库项目,然后单击面板底部的"插入"按钮。

提示

若要在文档中插入库项目的内容而不包括对该项目的引用,可在从"资源"面板向文档中拖曳该项目时按住 Ctrl 键,插入的效果如图 8-40 所示。如果用这种方法插入项目,则可以在文档中编辑该项目,但更新该项目时,使用该库项目的文档不会随之更新。

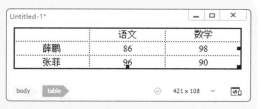

图 8-40

③ 管理库文件

当修改库项目时,会同时更新使用该项目的所有文档。如果选择不更新,那么文档将不会更新,但仍保持与库项目的关联,可以在以后进行更新。

对库项目的更改包括重命名库项目、删除库项目、重新创建已删除的库项目、修改库项目、更新库项目。

◎ 重命名库项目

重命名库项目可以断开其与文档或模板的连接。重命名库项目的具体操作步骤如下。

（1）选择"窗口＞资源"命令，弹出"资源"面板。单击"库"按钮📖，进入"库"列表。

（2）在"库"列表中选中要编辑的项目，单击项目名称，便使名称可编辑，然后输入一个新名称。

（3）按 Enter 键使更改生效，此时弹出"更新文件"对话框，如图 8-41 所示。若要更新站点中所有使用该项目的文档，则单击"更新"按钮；否则单击"不更新"按钮。

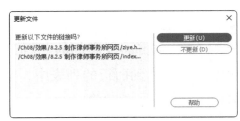

图 8-41

◎ 删除库项目

先选择"窗口＞资源"命令，弹出"资源"面板。单击"库"按钮📖，进入"库"列表，然后删除选择的库项目。删除库项目有以下两种方法。

● 在"库"列表中选择库项目，单击面板底部的"删除"按钮🗑，然后确认要删除该项目。

● 在"库"列表中选择库项目，然后按 Delete 键并确认要删除该项目。

提示　　删除一个库项目后，将无法使用"编辑＞撤销"命令来找回它，只能重新创建。从"库"列表中删除库项目后，不会更改任何使用该库项目的文档的内容。

◎ 重新创建已删除的库项目

若网页中已插入了库项目，但该库项目被误删了，此时可以重新创建该库项目。重新创建已删除的库项目的具体操作步骤如下。

（1）在网页中选择被删除的库项目的一个实例。

（2）选择"窗口＞属性"命令，弹出"属性"面板，如图 8-42 所示。单击"重新创建"按钮，此时"库"列表中将显示该库项目。

图 8-42

◎ 修改库项目

（1）选择"窗口 > 资源"命令，启用"资源"面板，单击左侧的"库"按钮 □，面板中显示出本站点的"库"列表，如图 8-43 所示。

（2）在"库"列表中双击要修改的库或选中库项目后单击面板底部的"编辑"按钮 ⬀来打开库项目，如图 8-44 所示。此时，可以根据需要修改库项目的内容。

图 8-43

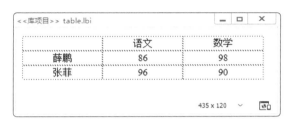

图 8-44

◎ 用最新库项目更新

用库项目的最新版本更新整个站点或插入了该库项目的所有网页，具体操作步骤如下。

（1）打开"更新页面"对话框。

（2）若要用库项目的最新版本更新整个站点，则先在"查看"选项右侧的第 1 个下拉列表中选择"整个站点"选项，然后在第 2 个下拉列表中选择站点名称。若要更新插入该库项目的所有网页，则在"查看"选项右侧的第 1 个下拉列表中选择"文件使用 ..."选项，然后在第 2 个下拉列表中选择相应的网页名称。

（3）在"更新"选项组中勾选"库项目"复选框。

（4）单击"开始"按钮，即可根据选择设置整个站点或插入了该库项目的所有网页。

（5）单击"关闭"按钮关闭"更新页面"对话框。

8.2.4　任务实施

① 把常用的图标注册到库中

（1）选择"文件 > 打开"命令，在弹出的"打开"对话框中，选择云盘中的"Ch08 > 素材 > 8.2 制作鲜果批发网页 > index.html"文件，单击"打开"按钮打开文件，效果如图 8-45 所示。

（2）选择"窗口 > 资源"命令，打开"资源"面板，单击左侧的"库"按钮 □，进入"库"列表，如图 8-46 所示。选中图 8-47 所示的图片，单击"库"列表下方的"新建库项目"按钮 ↺，将选定的图像创建为库项目，如图 8-48 所示。

图 8-45

图 8-46

图 8-47

图 8-48

（3）将库项目重命名为"xg-logo"，按 Enter 键确认，弹出"更新文件"对话框，如图 8-49 所示。单击"更新"按钮，"库"列表如图 8-50 所示。

图 8-49

图 8-50

（4）选中图 8-51 所示的表格，单击"库"列表下方的"新建库项目"按钮 ，弹出提示对话框，如图 8-52 所示。单击"确定"按钮，将选定的表格创建为库项目。

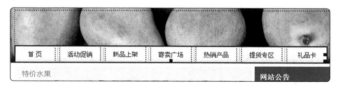
图 8-51

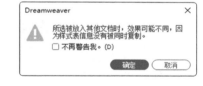
图 8-52

（5）将库项目重命名为"xg-daohang"，按 Enter 键确认，在弹出的"更新文件"对话框中单击"更新"按钮，效果如图 8-53 所示。"库"列表如图 8-54 所示。

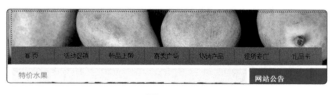
图 8-53

图 8-54

（6）选中图 8-55 所示的文字，单击"库"列表下方的"新建库项目"按钮 ，将选定的文字创建为库项目。将库项目重命名为"xg-text"，按 Enter 键确认，在弹出的"更新文件"

对话框中单击"更新"按钮，效果如图 8-56 所示。

图 8-55　　　　　　　　　　　　　　　　　　　　　图 8-56

❷　利用库中注册的项目制作网页文档

（1）选择"文件 > 打开"命令，在弹出的"打开"对话框中，选择云盘中的"Ch08 > 素材 > 8.2 制作鲜果批发网页 > lipinka.html"文件，单击"打开"按钮打开文件，效果如图 8-57 所示。将光标置入图 8-58 所示的单元格中。

图 8-57　　　　　　　　　　　　　　　　　图 8-58

（2）选中"库"列表中的"xg-logo"选项，如图 8-59 所示。单击"库"列表下方的"插入"按钮，将选定的库项目插入该单元格中，效果如图 8-60 所示。将光标置入图 8-61 所示的单元格中。

图 8-59　　　　　　　　　图 8-60　　　　　　　　　图 8-61

（3）选中"库"列表中的"xg-daohang"选项，如图 8-62 所示。单击"库"列表下方的"插入"按钮，将选定的库项目插入该单元格中，效果如图 8-63 所示。

图 8-62　　　　　　　　　　　　　图 8-63

（4）将光标置入图 8-64 所示的单元格中。在"库"列表中选中"xg-text"选项，将其拖曳到该单元格中，如图 8-65 所示。效果如图 8-66 所示。

图 8-64

图 8-65

图 8-66

（5）保存文档，按 F12 键预览效果，如图 8-67 所示。

图 8-67

3 修改库中注册的项目

（1）返回到 Dreamweaver CC 2019 界面中，在"库"列表中双击"xg-text"选项，进入该库项目的编辑界面，如图 8-68 所示。

（2）选中图 8-69 所示的文字，在"属性"面板的"目标规则"下拉列表中选择"<新内联样式>"选项，将"文本颜色"选项设为橘红色（#DC440B），效果如图 8-70 所示。

图 8-68

图 8-69　　　　　　　　　　　　　　　图 8-70

（3）选择"文件>保存"命令，弹出"更新库项目"对话框，如图8-71所示。单击"更新"按钮，弹出"更新页面"对话框，如图8-72所示。单击"关闭"按钮关闭对话框。

图 8-71　　　　　　　　　　　　　　　图 8-72

（4）返回到文档编辑窗口中，按F12键预览效果，可以看到文字的颜色发生了改变，如图8-73所示。

图 8-73

8.2.5　扩展实践：制作律师事务所网页

在"库"列表中添加库项目；使用库中注册的项目制作网页文档；在"CSS设计器"面板中更改文本的颜色。最终效果参看云盘中的"Ch08 > 效果 > 8.2 制作律师事务所网页 > index.html"文件，如图8-74所示。

制作律师事务所网页

图 8-74

任务 8.3　项目演练：制作婚礼策划网页

制作婚礼策划网页

8.3.1 任务引入

　　某婚礼策划平台的主营业务是根据客户的不同需求策划婚庆活动，其婚庆团队由专业的策划师、造型师等人员组成。本任务要求为其制作婚礼策划网页，要求设计风格时尚、大气，重点突出。

8.3.2 设计理念

　　该网页背景以淡雅柔和的花朵和婚戒为主体，营造出浪漫温馨的氛围；婚礼视频展示功能可以让用户更好地了解公司的业务与特色；字体的渐变效果增强了画面的层次与质感；新娘、鲜花、美景的图片组合提升了观者的幸福感。最终效果参看云盘中的"Ch08 > 效果 > 8.3 制作婚礼策划网页 > index.html"文件，如图 8-75 所示。

图 8-75

09

项目9

了解页面的交互性
—— 表单与行为

　　随着网络的普及，越来越多的人在网上拥有自己的个人网站。一般情况下，个人网站的设计者除了想宣传自己外，还希望收到他人的反馈信息。表单为网站设计者提供了通过网络接收用户数据的平台，注册会员页、网上订货页、检索页等都是通过表单来收集用户的信息。因此，表单是网站管理者与浏览者之间进行沟通的桥梁。

　　行为是Dreamweaver CC 2019预置的JavaScript程序库，每一个行为包括一个动作和一个事件。任何一个动作都需要一个事件来激活，两者相辅相成。动作是一段已编辑好的JavaScript代码，这些代码在特定事件被激发时执行。

　　通过本项目的学习，读者可以掌握表单子行为的使用方法和技巧。

🔍 学习引导

🖥 知识目标

* 了解表单的使用方法及种类；
* 了解行为的使用方法。

📋 能力目标

* 熟练掌握表单的使用方法及技巧；
* 掌握行为的使用方法。

✏ 素养目标

* 培养收集网页数据的兴趣。

📊 实训项目

* 制作人力资源网页；
* 制作动物乐园网页；
* 制作品牌商城网页。

任务 9.1　制作人力资源网页

制作人力资源网页

9.1.1　任务引入

人力资源网是一个人力信息交流平台，汇集了多方人力资源，还为从业者提供求职信息管理、在线课程等服务。本任务要求为其制作人力资源网页，要求设计体现出平台优质的服务理念。

9.1.2　设计理念

该网页以人力咨询实景照片为背景，突出了宣传主题；注册表结构简单、内容清晰明确，方便用户操作；页面整体设计风格简单大方，配色清爽明快、充满活力。最终效果参看云盘中的"Ch09 > 效果 > 9.1 制作人力资源网页 > index.html"文件，如图 9-1 所示。

图 9-1

9.1.3　任务知识：创建表单、表单的属性

1 创建表单

表单是一个"容器"，用来存放表单对象，并负责将表单对象的值提交给服务器端的某个程序处理，所以在添加文本域、按钮等表单对象之前，要先创建表单。

在文档中插入表单的具体操作步骤如下。

（1）在文档编辑窗口中，将光标置入希望插入表单的位置。

（2）创建表单，文档编辑窗口中出现一个红色的虚轮廓线用来指示表单域，如图 9-2 所示。

创建表单有以下两种方法。

● 单击"插入"面板"表单"选项卡中的"表单"按钮▤，或直接拖曳"表单"按钮▤到文档中。

● 选择"插入 > 表单 > 表单"命令。

图 9-2

提示　　　一个页面中可包含多个表单，每一个表单都是用 <form> 和 </form> 标签来标记的。在插入表单后，如果没有看到表单的轮廓线，可选择"查看 > 可视化助理 > 不可见元素"命令来显示表单的轮廓线。

② 表单的属性

在文档编辑窗口中选择表单后，"属性"面板中出现图 9-3 所示的表单属性。

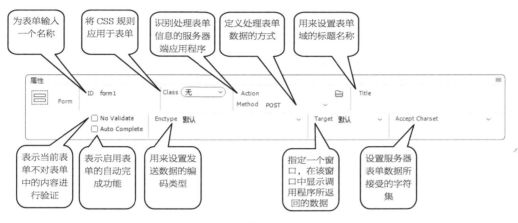

图 9-3

③ 文本域

制作网页时通常使用表单的文本域来接收用户输入的信息，文本域包括单行文本域、多行文本域、密码文本域 3 种。一般情况下，当用户输入的信息较少时，使用单行文本域进行接收；当用户输入的信息较多时，使用多行文本域进行接收；当用户输入密码等需要保密的信息时，使用密码文本域进行接收。

◎ 插入单行文本域

要在表单域中插入单行文本域，先将光标置于表单轮廓内需要插入单行文本域的位置，然后插入单行文本域，如图 9-4 所示。

图 9-4

插入单行文本域有以下两种方法。

● 单击"插入"面板"表单"选项卡中的"文本"按钮 ▭，可在文档编辑窗口中添加一个单行文本域。

● 选择"插入 > 表单 > 文本"命令，在文档编辑窗口的表单中会出现一个单行文本域。

"属性"面板中显示了单行文本域的属性，如图 9-5 所示。在这里，用户可根据需要设置单行文本域的各项属性。

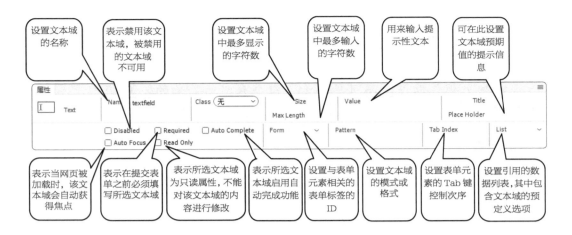

图 9-5

◎ 插入密码文本域

密码文本域是特殊的文本域。当用户在密码文本域中
输入内容时，所输入的文本显示为星号或项目符号，以隐
藏该文本，保护这些信息不被他人看到。若要在表单域中
插入密码文本域，先将光标置于表单轮廓内需要插入密码
文本域的位置，然后插入密码文本域，如图 9-6 所示。

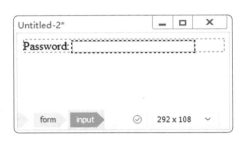

图 9-6

插入密码文本域有以下两种方法。

● 单击"插入"面板"表单"选项卡中的"密码"按钮 ⊞，可在文档编辑窗口中添加
一个密码文本域。

● 选择"插入 > 表单 > 密码"命令，在文档编辑窗口的表单中会出现一个密码文本域。

"属性"面板中显示了密码文本域的属性，如图 9-7 所示。用户可根据需要在此设置密
码文本域的各项属性。

图 9-7

密码文本域属性的设置与单行文本域属性的设置基本相同，不同之处是"Max Length"
将密码最大长度限制为 10 个字符。

◎ 插入多行文本域

多行文本域为访问者提供了一个较大的区域，供其输入内容。在此可以指定访问者最多
可输入的可见行数及对象的字符宽度。如果输入的文本超过这些设置，则该文本域将按照换
行属性中指定的设置进行滚动。若要在表单域中插入多行文本域，先将光标置于表单轮廓内
需要插入多行文本域的位置，然后插入多行文本域，如图 9-8 所示。

插入多行文本域有以下两种方法。

● 单击"插入"面板"表单"选项卡中的"文本区域"按钮□，可在文档编辑窗口中添加一个多行文本域。

● 选择"插入>表单>文本区域"命令，在文档编辑窗口的表单中会出现一个多行文本域。

"属性"面板中显示了多行文本域的属性，如图9-9所示。用户可根据需要在此设置多行文本域的各项属性。

图 9-8

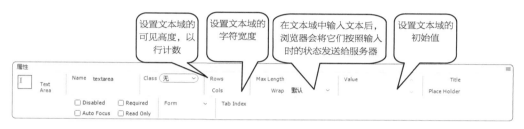

图 9-9

4 单选按钮

为了使单选按钮的布局更加合理，通常采用逐个插入的方式添加单选按钮。若要在表单域中插入单选按钮，先将光标放在表单轮廓内需要插入单选按钮的位置，然后插入单选按钮，如图9-10所示。

插入单选按钮有以下两种方法。

● 单击"插入"面板"表单"选项卡中的"单选按钮"按钮⊙，在文档编辑窗口的表单中会出现一个单选按钮。

图 9-10

● 选择"插入>表单>单选按钮"命令，在文档编辑窗口的表单中会出现一个单选按钮。

"属性"面板中显示了单选按钮的属性，如图9-11所示。用户可以根据需要在此设置单选按钮的各项属性。

图 9-11

5 单选按钮组

（1）先将光标放在表单轮廓内需要插入单选按钮组的位置，然后打开"单选按钮组"对话框，如图9-12所示。

打开"单选按钮组"对话框有以下两种方法。

● 单击"插入"面板"表单"选项卡中的"单选按钮组"按钮▦。

● 选择"插入 > 表单 > 单选按钮组"命令。

（2）根据需要设置该单选按钮组的每个选项，单击"确定"按钮，在文档编辑窗口的表单中会出现一个单选按钮组，如图 9-13 所示。

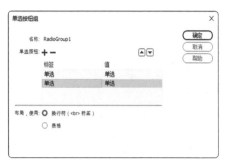

图 9-12

图 9-13

6 复选框

为了使复选框的布局更加合理，通常采用逐个插入的方式添加复选框。若要在表单域中插入复选框，先将光标放在表单轮廓内需要插入复选框的位置，然后插入复选框，如图 9-14 所示。

插入复选框有以下两种方法。

● 单击"插入"面板"表单"选项卡中的"复选框"按钮 ☑，在文档编辑窗口的表单中会出现一个复选框。

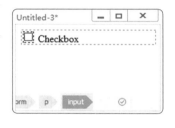

图 9-14

● 选择"插入 > 表单 > 复选框"命令，在文档编辑窗口的表单中会出现一个复选框。

"属性"面板中显示了复选框的属性，如图 9-15 所示。用户可以根据需要在此设置复选框的各项属性。

图 9-15

插入复选框组的操作与插入单选按钮组的操作类似。

7 创建下拉菜单和滚动列表

表单中有两种类型的菜单，一种是下拉菜单，另一种是滚动列表，它们都包含一个或多个菜单列表选择项。当用户需要在预先设定的菜单列表中选择一个或多个选项时，可使用"选择"功能创建下拉菜单或滚动列表。

◎ 插入下拉菜单

若要在表单域中插入下拉菜单，需要先将光标放在表单轮廓内需要插入下拉菜单的位置，然后插入下拉菜单，如图 9-16 所示。

插入下拉菜单有以下两种方法。

● 单击"插入"面板"表单"选项卡中的"选择"按钮 ，可在文档编辑窗口的表单中添加一个下拉菜单。

● 选择"插入 > 表单 > 选择"命令，可在文档编辑窗口的表单中添加一个下拉菜单。

图 9-16

"属性"面板中显示了下拉菜单的属性，如图 9-17 所示。用户可以根据需要在此设置下拉菜单的各项属性。

图 9-17

◎ 插入滚动列表

若要在表单域中插入滚动列表，先将光标放在表单轮廓内需要插入滚动列表的位置，然后插入滚动列表，如图 9-18 所示。

插入滚动列表有以下两种方法。

● 单击"插入"面板"表单"选项卡的"选择"按钮 ，在文档编辑窗口的表单中会出现一个滚动列表。

● 选择"插入 > 表单 > 选择"命令，在文档编辑窗口的表单中会出现一个滚动列表。

图 9-18

"属性"面板中显示了滚动列表的属性，如图 9-19 所示。用户可以根据需要在此设置滚动列表的各项属性。

图 9-19

❽ 创建文件域

要在网页中实现访问者上传文件的功能，需要在表单中插入文件域。文件域的外观与其他文本域类似，只是文件域还包含一个"浏览"按钮，如图 9-20 所示。访问者可以手动输入要上传文件的路径，也可以使用"浏览"按钮定位并选择要上传的文件。

图 9-20

提示

文件域要求使用 post 方法将文件从浏览器传输到服务器上，该文件被发送至服务器的地址可以在表单的"操作"文本框中指定。

若要在表单域中插入文件域，先将光标放在表单轮廓内需要插入文件域的位置，然后插入文件域。

插入文件域有以下两种方法。

● 将光标置入表单域中，单击"插入"面板"表单"选项卡中的"文件"按钮 ，在文档编辑窗口的表单中会出现一个文件域。

● 选择"插入 > 表单 > 文件"命令，在文档编辑窗口的表单中会出现一个文件域。

"属性"面板中显示了文件域的属性，如图 9-21 所示。用户可以根据需要在此设置文件域的各项属性。

图 9-21

提示

在使用文件域之前，要与服务器管理员联系，确认管理员允许用户上传匿名文件，否则此操作无效。

❾ 插入图像按钮（创建图像域）

Dreamweaver CC 2019 默认的按钮样式比较单调，为了满足设计需要，可使用自定义的图像代替按钮。插入图像按钮的具体操作步骤如下。

（1）将光标放在表单轮廓内需要插入图像按钮的位置。

（2）打开"选择图像源文件"对话框，选择作为按钮的图像文件，如图 9-22 所示。

打开"选择图像源文件"对话框有以下两种方法。

● 单击"插入"面板"表单"选项卡中的"图像按钮"按钮 。

● 选择"插入 > 表单 > 图像"命令。

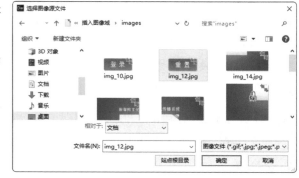

图 9-22

（3）"属性"面板中显示了图像按钮的属性，如图 9-23 所示。用户可以根据需要在此设置图像按钮的各项属性。

图 9-23

（4）若要将某个 JavaScript 行为附加到该按钮上，则应选择该图像，然后在"行为"面板中选择相应的行为。

（5）完成设置后保存并预览网页，效果如图 9-24 所示。

⑩ 插入按钮

按钮的作用是控制表单的操作。一般情况下，表单中设有"提交"按钮、"重置"按钮和普通按钮等，浏览者在网上申请 QQ、邮箱或注册会员时会见到。Dreamweaver CC 2019 将按钮分为 3 种类型，即按钮、"提交"按钮和"重置"按钮。按钮元素需要指定单击该按钮时要执行的操作，例如添加一个 JavaScript 脚本，使浏览者单击该按钮后打开另一个页面。

图 9-24

若要在表单域中插入按钮表单，先将光标放在表单轮廓内需要插入按钮表单的位置，然后插入按钮表单，如图 9-25 所示。

插入按钮表单有以下两种方法。

图 9-25

● 单击"插入"面板"表单"选项卡中的"按钮"按钮 ▭，在文档编辑窗口的表单中会出现一个按钮。

● 选择"插入 > 表单 > 按钮"命令，在文档编辑窗口的表单中会出现一个按钮。

"属性"面板中显示了按钮的属性，如图 9-26 所示。用户可以根据需要在此设置按钮的各项属性。

图 9-26

⑪ 插入"提交"按钮

"提交"按钮的作用是：该按钮被单击时将表单数据内容提交到表单域的 Action 属性

指定的处理程序中进行处理。

若要在表单域中插入"提交"按钮，先将光标放在表单轮廓内需要插入"提交"按钮的位置，然后插入"提交"按钮。

插入"提交"按钮表单有以下两种方法。

● 单击"插入"面板"表单"选项卡中的"'提交'按钮"按钮 ☑，在文档编辑窗口的表单中会出现一个"提交"按钮。

● 选择"插入 > 表单 > '提交'按钮"命令，在文档编辑窗口的表单中会出现一个"提交"按钮。

"属性"面板中显示了"提交"按钮的属性，如图9-27所示。用户可以根据需要在此设置"提交"按钮的各项属性。

图 9-27

⑫ 插入"重置"按钮

"重置"按钮的作用是：该按钮被单击时将清除表单中所做的设置，恢复为默认的设置内容。

若要在表单域中插入"重置"按钮，先将光标放在表单轮廓内需要插入"重置"按钮的位置，然后插入"重置"按钮，如图9-28所示。

图 9-28

插入"重置"按钮表单有以下两种方法。

● 单击"插入"面板"表单"选项卡中的"'重置'按钮"按钮 ↻，在文档编辑窗口的表单中会出现一个"重置"按钮。

● 选择"插入 > 表单 > '重置'按钮"命令，在文档编辑窗口的表单中会出现一个"重置"按钮。

"属性"面板中显示了"重置"按钮的属性，如图9-29所示。用户可以根据需要在此设置"重置"按钮的各项属性。

图 9-29

9.1.4 任务实施

1 插入单选按钮

（1）选择"文件>打开"命令，在弹出的"打开"对话框中，选择云盘中的"Ch09>素材>9.1制作人力资源网页>index.html"文件，如图9-30所示。单击"打开"按钮打开文件，如图9-31所示。

图9-30　　　　　　　　　　　　　　　　　图9-31

（2）将光标置入"注册类型"右侧的单元格中，如图9-32所示。单击"插入"面板"表单"选项卡中的"单选按钮"按钮 ⊙，在光标所在位置插入一个单选按钮，效果如图9-33所示。保持单选按钮的选取状态，按Ctrl+C组合键，将其复制到剪切板中。在"属性"面板中，勾选"Checked"复选框，效果如图9-34所示。选中英文"Radio Button"并将其更改为"个人注册"，效果如图9-35所示。

图9-32　　　　　　图9-33　　　　　　图9-34　　　　　　图9-35

（3）将光标放置在文字"个人注册"的右侧，如图9-36所示。按Ctrl+V组合键，将剪切板中的单选按钮粘贴到光标所在位置，效果如图9-37所示。输入文字"企业注册"，效果如图9-38所示。

图9-36　　　　　　　图9-37　　　　　　　图9-38

2 插入复选框

（1）将光标置入"学历"右侧的单元格中，如图 9-39 所示。单击"插入"面板"表单"选项卡中的"复选框"按钮 ☑，在单元格中插入一个复选框，效果如图 9-40 所示。选中英文"Checkbox"并将其更改为"研究生"，如图 9-41 所示。用相同的方法再插入两个复选框，并分别输入文字"本科"和"大专"，效果如图 9-42 所示。

图 9-39

图 9-40

图 9-41

图 9-42

（2）保存文档，按 F12 键预览效果，如图 9-43 所示。

图 9-43

9.1.5　扩展实践：制作健康测试网页

使用"选择"按钮插入下拉菜单；在"属性"面板中设置下拉菜单的属性。最终效果参看云盘中的"Ch09 > 效果 > 9.1.5 扩展实践：制作健康测试网页 > index.html"文件，如图 9-44 所示。

图 9-44

制作健康测试网页

任务 9.2 制作动物乐园网页

9.2.1 任务引入

动物乐园是一个野生动物园，园内分为多个区域，模拟野生动物的原生态生活环境，最大限度地保护动物天性。本任务要求为其制作动物乐园网页，要求设计体现出动物园对游客的欢迎。

9.2.2 设计理念

该网页背景采用野动物园实景照片，给人直观的视觉感受，成群的动物、广阔的草原，令人无比向往大自然；简洁的欢迎文字点明了网页主题；订票表单结构清晰、信息明确，方便用户操作。最终效果参看云盘中的"Ch09 > 效果 > 9.2 制作动物乐园网页 > index.html"文件，如图 9-45 所示。

图 9-45

9.2.3 任务知识：插入表单元素

1 插入电子邮件文本域

Dreamweaver CC 2019 为了适应 HTML 5 的发展增加了许多 HTML 5 表单元素，电子邮件文本域就是其中的一种。

电子邮件文本域是专门为输入邮箱地址而定义的文本框，程序会验证该文本框中输入的文本是否符合邮箱地址的格式，并会提示错误。

若要在表单域中插入电子邮件文本域，先将光标置于表单轮廓内需要插入电子邮件文本域的位置，然后插入电子邮件文本域，如图 9-46 所示。

插入电子邮件文本域有以下两种方法。

● 单击"插入"面板"表单"选项卡中的"电子邮件"按钮 ✉，可在文档编辑窗口的表单中添加一个电子邮件文本域。

● 选择"插入 > 表单 > 电子邮件"命令，在文档编辑窗口的表单中会出现一个电子邮件文本域。

图 9-46

"属性"面板中显示了电子邮件文本域的属性，如图 9-47 所示。用户可根据需要在此设置电子邮件文本域的各项属性。

图 9-47

② 插入 URL 文本域

URL 文本域是专门为输入 URL 地址而定义的文本框，在验证输入的文本格式时，如果该文本框中的内容不符合 URL 地址的格式，会提示错误。

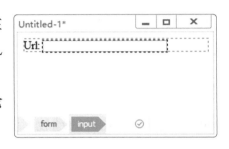

图 9-48

若要在表单域中插入 URL 文本域，先将光标放在表单轮廓内需要插入 URL 文本域的位置，然后插入 URL 文本域，如图 9-48 所示。

插入 URL 文本域有以下两种方法。

● 单击"插入"面板"表单"选项卡中的"Url"按钮 ⑧ ，在文档编辑窗口的表单中会出现一个 URL 文本域。

● 选择"插入 > 表单 > Url"命令，在文档编辑窗口的表单中会出现一个 URL 文本域。

"属性"面板中显示了 URL 文本域的属性，如图 9-49 所示。用户可以根据需要在此设置 URL 文本域的各项属性。

图 9-49

③ 插入 Tel 文本域

Tel 文本域是专门为输入电话号码而定义的文本框，没有特殊的验证规则。若要在表单域中插入 Tel 文本域，需要先将光标放在表单轮廓内需要插入 Tel 文本域的位置，然后插入 Tel 文本域，如图 9-50 所示。

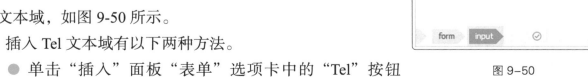

图 9-50

插入 Tel 文本域有以下两种方法。

● 单击"插入"面板"表单"选项卡中的"Tel"按钮
 ，在文档编辑窗口的表单中会出现一个 Tel 文本域。

● 选择"插入 > 表单 > Tel"命令，在文档编辑窗口的表单中会出现一个 Tel 文本域。

"属性"面板中显示了 Tel 文本域的属性,如图 9-51 所示。用户可以根据需要在此设置 Tel 文本域的各项属性。

图 9-51

4 插入搜索文本域

搜索文本域是专门为输入搜索内容而定义的文本框,没有特殊的验证规则。若要在表单域中插入搜索文本域,先将光标放在表单轮廓内需要插入搜索文本域的位置,然后插入搜索文本域,如图 9-52 所示。

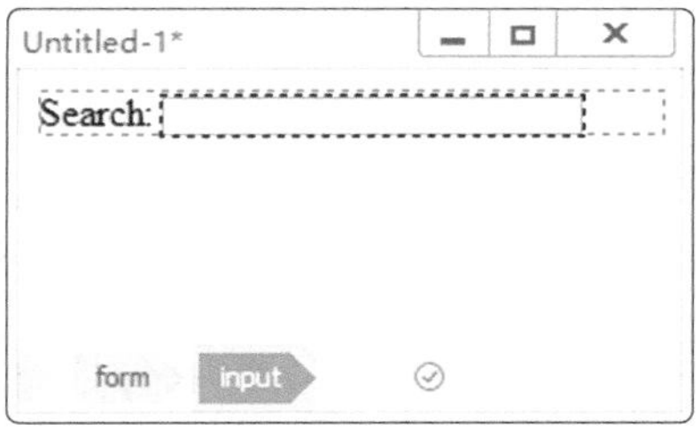

插入搜索文本域有以下两种方法。

图 9-52

● 单击"插入"面板"表单"选项卡中的"搜索"按钮 ○,在文档编辑窗口的表单中会出现一个搜索文本域。

● 选择"插入 > 表单 > 搜索"命令,在文档编辑窗口的表单中会出现一个搜索文本域。

"属性"面板中显示了搜索文本域的属性,如图 9-53 所示。用户可以根据需要在此设置搜索文本域的各项属性。

图 9-53

5 插入数字文本域

数字文本域是专门为输入特定的数字而定义的文本框,具有"Min""Max"和"Step"属性,用于设置允许输入的最小值、最大值和调整步长。若要在表单域中插入数字文本域,先将光标放在表单轮廓内需要插入数字文本域的位置,然后插入数字文本域,如图 9-54 所示。

插入数字文本域有以下两种方法。

● 单击"插入"面板"表单"选项卡中的"数字"按钮 ⊡,在文档编辑窗口的表单中会出现一个数字文本域。

● 选择"插入 > 表单 > 数字"命令,在文档编辑窗口的表单中会出现一个数字文本域。

图 9-54

"属性"面板中显示了数字文本域的属性，如图 9-55 所示。用户可以根据需要在此设置数字文本域的各项属性。

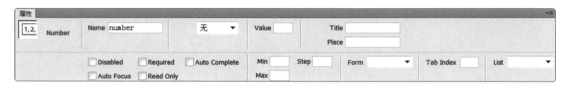

图 9-55

6 插入范围文本域

范围文本域用于将输入框显示为滑动条，其作用是作为某一特定范围内的数值选择器。若要在表单域中插入范围文本域，先将光标放在表单轮廓内需要插入范围文本域的位置，然后插入范围文本域，如图 9-56 所示。

插入范围文本域有以下两种方法。

图 9-56

● 单击"插入"面板"表单"选项卡中的"范围"按钮，在文档编辑窗口的表单中会出现一个范围文本域。

● 选择"插入 > 表单 > 范围"命令，在文档编辑窗口的表单中会出现一个范围文本域。

"属性"面板中显示了范围文本域的属性，如图 9-57 所示。用户可以根据需要在此设置范围文本域的各项属性。

图 9-57

7 插入颜色表单

颜色表单应用于网页时会默认提供一个颜色选择器，但在大部分浏览器中还不能实现该效果，在 Chrome、火狐浏览器中都可以看到颜色表单的效果，如图 9-58 所示。

若要在表单域中插入颜色表单，先将光标放在表单轮廓内需要插入颜色表单的位置，然后插入颜色表单，如图 9-59 所示。

图 9-58

图 9-59

插入颜色表单有以下两种方法。

● 单击"插入"面板"表单"选项卡中的"颜色"按钮 ，在文档编辑窗口的表单中会出现一个颜色表单。

● 选择"插入 > 表单 > 颜色"命令，在文档编辑窗口的表单中会出现一个颜色表单。

"属性"面板中显示了颜色表单的属性，如图9-60所示。用户可以根据需要在此设置颜色表单的各项属性。

图 9-60

8 插入月表单

月表单的作用是为用户提供一个月选择器，但在大部分浏览器中还不能实现该效果，在Chrome、360、Opera浏览器中可以看到月表单的效果，如图9-61所示。

若要在表单域中插入月表单，先将光标放在表单轮廓内需要插入月表单的位置，然后插入月表单，如图9-62所示。

图 9-61

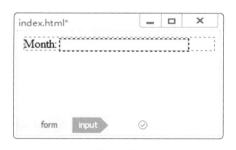

图 9-62

插入月表单有以下两种方法。

● 单击"插入"面板"表单"选项卡中的"月"按钮 ，在文档编辑窗口的表单中会出现一个月表单。

● 选择"插入 > 表单 > 月"命令，在文档编辑窗口的表单中会出现一个月表单。

"属性"面板中显示了月表单的属性，如图9-63所示。用户可以根据需要在此设置月表单的各项属性。

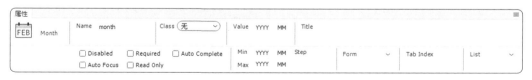

图 9-63

9 插入周表单

周表单的作用是为用户提供一个周选择器，但在大部分浏览器中还不能实现该效果，在

Chrome、360、Opera 浏览器中可以看到周表单的效果，如图 9-64 所示。

　　若要在表单域中插入周表单，先将光标放在表单轮廓内需要插入周表单的位置，然后插入周表单，如图 9-65 所示。

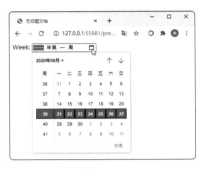

图 9-64

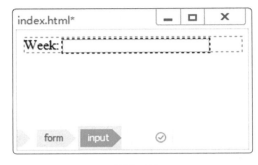

图 9-65

插入周表单有以下两种方法。

● 单击"插入"面板"表单"选项卡中的"周"按钮▥，在文档编辑窗口的表单中会出现一个周表单。

● 选择"插入 > 表单 > 周"命令，在文档编辑窗口的表单中会出现一个周表单。

　　"属性"面板中显示了周表单的属性，如图 9-66 所示。用户可以根据需要在此设置周表单的各项属性。

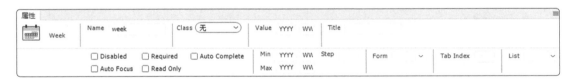

图 9-66

⑩ 插入日期表单

日期表单的作用是为用户提供一个日期选择器，但在大部分浏览器中还不能实现该效果，在 Chrome、360、Opera 浏览器中可以看到日期表单的效果，如图 9-67 所示。

　　若要在表单域中插入日期表单，先将光标放在表单轮廓内需要插入日期表单的位置，然后插入日期表单，如图 9-68 所示。

图 9-67

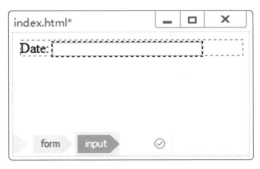

图 9-68

插入日期表单有以下两种方法。

● 单击"插入"面板"表单"选项卡中的"日期"按钮 回，在文档编辑窗口的表单中会出现一个日期表单。

● 选择"插入＞表单＞日期"命令，在文档编辑窗口的表单中会出现一个日期表单。

"属性"面板中显示了日期表单的属性，如图9-69所示。用户可以根据需要在此设置日期表单的各项属性。

图9-69

11 插入时间表单

时间表单的作用是为用户提供一个时间选择器，但在大部分浏览器中还不能实现该效果，在Chrome、360、Opera浏览器中可以看到时间表单的效果，如图9-70所示。

若要在表单域中插入时间表单，先将光标放在表单轮廓内需要插入时间表单的位置，然后插入时间表单，如图9-71所示。

图9-70

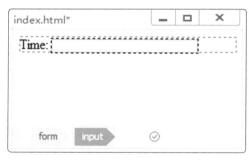

图9-71

插入时间表单有以下两种方法。

● 单击"插入"面板"表单"选项卡中的"时间"按钮 ⊙，在文档编辑窗口的表单中会出现一个时间表单。

● 选择"插入＞表单＞时间"命令，在文档编辑窗口的表单中会出现一个时间表单。

"属性"面板中显示了时间表单的属性，如图9-72所示。用户可以根据需要在此设置时间表单的各项属性。

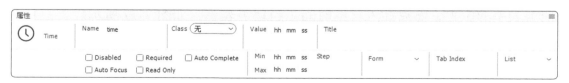

图9-72

⑫ 插入日期时间表单

日期时间表单的作用是为用户提供一个完整的日期时间选择器，但在大部分浏览器中还不能实现该效果，在 Chrome、360、Opera 浏览器中可以看到日期时间表单的效果，如图 9-73 所示。

若要在表单域中插入日期时间表单，先将光标放在表单轮廓内需要插入日期时间表单的位置，然后插入日期时间表单，如图 9-74 所示。

图 9-73

图 9-74

插入日期时间表单有以下两种方法。

● 单击"插入"面板"表单"选项卡中的"日期时间"按钮 🕒，在文档编辑窗口的表单中会出现一个日期时间表单。

● 选择"插入 > 表单 > 日期时间"命令，在文档编辑窗口的表单中会出现一个日期时间表单。

"属性"面板中显示了日期时间表单的属性，如图 9-75 所示。用户可以根据需要在此设置日期时间表单的各项属性。

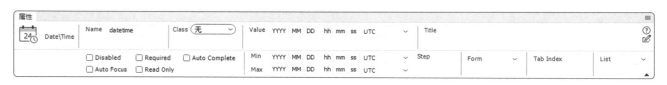

图 9-75

⑬ 插入日期时间（当地）表单

日期时间（当地）表单的作用是为用户提供一个完整的日期时间（不包含时区）选择器，但在大部分浏览器中还不能实现该效果，在 Chrome、360、Opera 浏览器中可以看到日期时间（当地）表单的效果，如图 9-76 所示。

若要在表单域中插入日期时间（当地）表单，先将光标放在表单轮廓内需要插入日期时间（当地）表单的位置，然后插入日期时间（当地）表单，如图 9-77 所示。

插入日期时间（当地）表单有以下两种方法。

● 单击"插入"面板"表单"选项卡中的"日期时间（当地）"按钮 🕒，在文档编辑窗口的表单中会出现一个日期时间（当地）表单。

图 9-76

图 9-77

● 选择"插入 > 表单 > 日期时间（当地）"命令，在文档编辑窗口的表单中会出现一个日期时间（当地）表单。

"属性"面板中显示了日期时间（当地）表单的属性，如图 9-78 所示。用户可以根据需要在此设置日期时间（当地）表单的各项属性。

图 9-78

9.2.4　任务实施

（1）选择"文件 > 打开"命令，在弹出的"打开"对话框中，选择云盘中的"Ch09 > 素材 > 9.2 制作动物乐园网页 > index.html"文件，单击"打开"按钮打开文件，效果如图 9-79 所示。

（2）将光标置入文字"联系人："右侧的单元格中，如图 9-80 所示。单击"插入"面板"表单"选项卡中的"文本"按钮 囗，在单元格中插入单行文本域。选中文字"Text Field:"按 Delete 键将其删除。选中单行文本域，在"属性"面板中将"Size"选项设为 20，效果如图 9-81 所示。

图 9-79

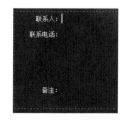

图 9-80

图 9-81

（3）用相同的方法在文字"票数："右侧的单元格中插入一个单行文本域，并在"属性"面板中设置相应的属性，效果如图 9-82 所示。将光标置入文字"联系电话："右侧的单元格中，单击"插入"面板"表单"选项卡中的"Tel"按钮 📞，在单元格中插入 Tel 文本域。选中文字"Tel："，按 Delete 键将其删除，效果如图 9-83 所示。

（4）选中 Tel 文本域，在"属性"面板中将"Size"选项设为 18，将"Max Length"选项设为 11，效果如图 9-84 所示。

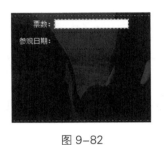

图 9-82　　　　　　　　　　图 9-83　　　　　　　　　　图 9-84

（5）将光标置入文字"参观日期："右侧的单元格中，单击"插入"面板"表单"选项卡中的"日期"按钮 📅，在光标所在的位置插入日期表单。选中文字"Date:"，按 Delete 键将其删除，效果如图 9-85 所示。

（6）将光标置入文字"备注："右侧的单元格中，单击"插入"面板"表单"选项卡中的"文本区域"按钮 ▭，在光标所在的位置插入多行文本域。选中文字"Text Area:"，按 Delete 键将其删除，效果如图 9-86 所示。

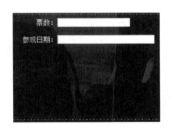

图 9-85　　　　　　　　　　　　　图 9-86

（7）选中多行文本域，在"属性"面板中将"Rows"选项设为 6，将"Cols"选项设为 56，效果如图 9-87 所示。将光标置入图 9-88 所示的单元格。

图 9-87　　　　　　　　　　　　图 9-88

（8）单击"插入"面板"表单"选项卡中的"'提交'按钮"按钮 ☑，在光标所在的位置插入一个"提交"按钮，效果如图 9-89 所示。将光标置于"提交"按钮的后面，单击"插入"面板"表单"选项卡中的"'重置'按钮"按钮 ↻，在光标所在的位置插入一个"重置"按钮，效果如图9-90所示。

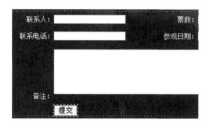

图9-89　　　　　　　　　　　　　图9-90

（9）保存文档，按F12键预览效果，如图9-91所示。

图9-91

9.2.5　扩展实践：制作鑫飞越航空网页

使用"日期"按钮插入日期表单。最终效果参看云盘中的"Ch09 > 效果 > 9.2.5 扩展实践：制作鑫飞越航空网页 > index.html"文件，如图9-92所示。

制作鑫飞越航空
网页

图9-92

任务 9.3　制作品牌商城网页

制作品牌商城网页

9.3.1　任务引入

Easy life 是一家家居用品零售公司，主要产品为家具、装修配件、浴室和厨房用品等。公司网站近期推出优惠活动，本任务要求读者为其制作品牌商城网页，要求设计起到宣传公司活动的作用。

9.3.2　设计理念

该网页采用大面积的红色系背景，营造热闹非凡的氛围；使用直观醒目的文字来强调活动力度，视觉冲击力强；采用奖状形式展示各类优惠信息；新颖别致，令人印象深刻。最终效果参看云盘中的"Ch09 > 效果 > 9.3 品牌商城网页 > index.html"文件，如图 9-93 所示。

图 9-93

9.3.3　任务知识：行为

1 "行为"面板

使用"行为"面板为网页元素指定动作和事件方便且快捷。在文档编辑窗口中，选择"窗口 > 行为"命令，或按 Shift+F4 组合键，即可弹出"行为"面板，如图 9-94 所示。

2 应用行为

◎ 将行为附加到网页元素上

将某个行为附加到所选的网页元素上，具体操作步骤如下。

（1）在文档编辑窗口中选择一个元素。若要将行为附加到整个网页，则单击文档编辑窗口左下方的标签选择器的 <body> 标签。

（2）选择"窗口 > 行为"命令，弹出"行为"面板。

（3）单击"添加行为"按钮 +，并在弹出的菜单中选择一个动作，如图 9-95 所示。弹出相应的参数设置对话框，在其中进行设置后，单击"确定"按钮。

（4）"行为"面板的"事件"列表中显示了动作的默认事件。单击该事件，会出现箭头

图 9-94

按钮 ∨。单击 ∨ 按钮。弹出包含全部事件的事件列表，如图 9-96 所示，用户可根据需要选择相应的事件。

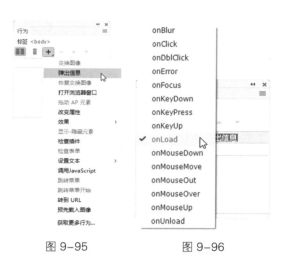

图 9-95　　　　图 9-96

◎ 将行为附加到文本上

将某个行为附加到所选的文本上，具体操作步骤如下。

（1）为文本添加一个空链接。

（2）选择"窗口>行为"命令，弹出"行为"面板。

（3）选中链接文本，单击"添加行为"按钮 +，在弹出的菜单中选择一个动作，如"弹出信息"动作，并在弹出的对话框中设置该动作的参数，如图 9-97 所示。

（4）"行为"面板的"事件"列表中显示了动作的默认事件。单击该事件，会出现箭头按钮 ∨。单击 ∨ 按钮，弹出包含全部事件的事件列表，如图 9-98 所示，用户可根据需要选择相应的事件。

图 9-97

图 9-98

❸ 调用 JavaScript

"调用 JavaScript"动作的功能是当发生某个事件时选择自定义函数或 JavaScript 代码行。使用"调用 JavaScript"动作的具体操作步骤如下。

（1）选择一个网页元素对象，如"刷新"按钮，如图 9-99 所示，打开出"行为"面板。

（2）在"行为"面板中，单击"添加行为"按钮 +，在弹出的菜单中选择"调用 JavaScript"动作，弹出"调用 JavaScript"对话框，如图 9-100 所示。在"JavaScript"文本框中输入 JavaScript 代码或想要触发的函数名。例如，若想在单击"刷新"按钮时刷新网页，则可以输入"window.location.reload()"；若想在单击"关闭"按钮时关闭网页，则可以输入"window.close()"。单击"确定"按钮完成设置。

图 9-99

图 9-100

（3）如果不需要该事件，则单击该事件，出现箭头按钮ꪜ。单击ꪜ按钮，弹出包含全部事件的事件列表，用户可根据需要选择相应的事件，如图9-101所示。

（4）保存页面，找到文件并用浏览器打开文件。单击"关闭"按钮时，会弹出图9-102所示的提示框，单击"是"按钮即可关闭页面。

图9-101

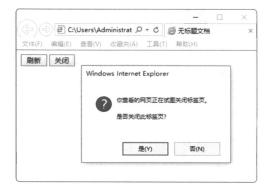

图9-102

4 打开浏览器窗口

使用"打开浏览器窗口"动作可以在一个新的窗口中打开指定的URL，还可以指定新窗口的属性、特征和名称，使用"打开浏览器窗口"动作的具体操作步骤如下。

（1）打开一个网页文件，选择一张图片，如图9-103所示。

（2）打开"行为"面板，单击"添加行为"按钮 +，并在弹出的菜单中选择"打开浏览器窗口"动作，弹出"打开浏览器窗口"对话框。在对话框中根据需要设置相应参数，如图9-104所示。单击"确定"按钮完成设置。

图9-103

图9-104

（3）添加行为时，系统自动选择了事件"onClick"。因此需要调整事件。单击该事件，出现箭头按钮ꪜ。单击ꪜ按钮，选择"onMouseOver"（鼠标指针经过）选项，如图9-105所示，"行为"面板中的事件立即改变。

（4）使用相同的方法，为其他图片添加行为。

（5）保存文档，按F12键预览网页效果。当鼠标指针经过小图片时，会弹出一个窗口，显示大图片，如图9-106所示。

图 9-105

图 9-106

5 转到 URL

"转到 URL"动作的功能是在当前窗口或指定的框架中打开一个新网页。此操作尤其适用于通过一次单击操作更改两个或多个框架的内容。

使用"转到 URL"动作的具体操作步骤如下。

（1）选择一个网页元素对象并打开"行为"面板。

（2）单击"添加行为"按钮 +,，并在弹出的菜单中选择"转到 URL"动作，弹出"转到 URL"对话框，如图 9-107 所示。在对话框中根据需要设置相应选项，单击"确定"按钮完成设置。

（3）如果不需要该事件，则单击该事件，出现箭头按钮 ˇ。单击 ˇ 按钮，弹出包含全部事件的事件列表，用户可根据需要选择相应的事件。

图 9-107

（4）按 F12 键预览网页效果。

6 交换图像

"交换图像"动作通过更改 <img> 标签的"src"属性将一个图像和另一个图像进行交换。"交换图像"动作主要用于创建当鼠标指针经过时产生动态变化的按钮。

使用"交换图像"动作的具体操作步骤如下。

（1）若文档中没有图像，则选择"插入 > Image"命令，或单击"插入"面板"HTML"选项卡中的"Image"按钮 □ 来插入一个图像；若要在鼠标指针经过一个图像时使多个图像同时变换成相同的图像，则需要插入多个图像。

（2）选择一个初始的图像对象并打开"行为"面板。

（3）在"行为"面板中单击"添加行为"按钮 +,，并在弹出的菜单中选择"交换图像"动作，弹出"交换图像"对话框，如图 9-108 所示。

图 9-108

（4）根据需要在"图像"区域中选择初始图像，在"设定原始档为"文本框中输入新图像的路径和文件名，或单击"浏览"按钮选择新图像文件，勾选"预先载入图像"和"鼠标滑开时恢复图像"复选框，然后单击"确定"按钮完成设置。

（5）如果不需要该事件，则单击该事件，出现箭头按钮。单击按钮，弹出包含全部事件的事件列表，用户可根据需要选择相应的事件。

（6）按 F12 键预览网页效果。

提示　因为只有 src 属性受此动作的影响，所以用户应该选择一个与原图像具有相同高度和宽度的图像。否则，交换的图像在显示时会被挤压或拉伸，以适应原图像的尺寸。

7 设置容器的文本

"设置容器的文本"动作的功能是用指定的内容替换网页上现有层的内容和格式，该内容可以包括任何有效的 HTML 源代码。

虽然使用"设置容器的文本"动作将替换层的内容和格式，但会保留层的属性，包括颜色。可通过在"设置容器的文本"对话框的"新建 HTML"文本框中加入 HTML 标签，对内容的格式进行设置。

使用"设置容器的文本"动作的具体操作步骤如下。

（1）单击"插入"面板"HTML"选项卡中的"Div"按钮，在文档编辑窗口中生成一个 Div 容器。选中窗口中的 Div 容器，在"属性"面板的"Div ID"文本框中输入一个名称。

（2）在文档编辑窗口中选择一个对象，如文字、图像、按钮等，并打开"行为"面板。

（3）在"行为"面板中，单击"添加行为"按钮，并在弹出的菜单中选择"设置文本 >设置容器的文本"命令，弹出"设置容器的文本"对话框，如图 9-109 所示。

（4）在对话框中根据需要选择相应的层，并在"新建 HTML"文本域中输入层内显示的消息。单击"确定"按钮完成设置。

图 9-109

（5）如果不需要该事件，则单击该事件，出现箭头按钮。单击按钮，弹出包含全部事件的事件列表，用户可根据需要选择相应的事件。

（6）按 F12 键预览网页效果。

8 设置状态栏文本

"设置状态栏文本"动作的功能是设置在浏览器窗口底部左侧的状态栏中显示的消息。

访问者常常会忽略或注意不到状态栏中的消息，如果消息非常重要，应考虑将其显示为弹出式消息或层文本。可以在状态栏文本中嵌入任何有效的 JavaScript 函数调用、属性、全局变量或其他表达式。若要嵌入一个 JavaScript 表达式，需将其放在大括号中。

使用"设置状态栏文本"动作的具体操作步骤如下。

（1）选择一个对象，如文字、图像、按钮等，并打开"行为"面板。

（2）在"行为"面板中单击"添加行为"按钮 +，并在弹出的菜单中选择"设置文本 > 设置状态栏文本"命令，弹出"设置状态栏文本"对话框，如图 9-110 所示。对话框中只有一个"消息"文本框，用于输入要在状态栏中显示的消息。消息要简明扼要，否则浏览器将把超出限制长度的消息截断。

图 9-110

（3）在对话框中根据需要输入状态栏消息或相应的 JavaScript 代码，单击"确定"按钮完成设置。

（4）如果不需要该事件，则重新选择事件。

（5）按 F12 键预览网页效果。

⑨ 设置文本域文字

"设置文本域文字"动作的功能是用指定的内容替换表单文本域中的内容。可以在文本中嵌入任何有效的 JavaScript 函数调用、属性、全局变量或其他表达式。若要嵌入一个 JavaScript 表达式，则应将其放在大括号中；若要显示大括号，则应在它前面加一个反斜杠"\"。

使用"设置文本域文字"动作的具体操作步骤如下。

（1）若文档中没有"文本域"对象，则要创建文本域。先选择"插入 > 表单 > 文本区域"命令，在页面中创建文区域。然后在"属性"面板中输入该文本域的名称，并使该名称在网页中是唯一的，如图 9-111 所示。

图 9-111

（2）选择文本域并打开"行为"面板。

（3）在"行为"面板中单击"添加行为"按钮 +，并在弹出的菜单中选择"设置文本 > 设置文本域文字"命令，弹出"设置文本域文字"对话框，如图 9-112 所示。

图 9-112

（4）在对话框中根据需要选择相应的文本域，并在"新建文本"文本域中输入要替换的文本信息或相应的 JavaScript 代码，单击"确定"按钮完成设置。

（5）如果不需要该事件，则单击该事件，出现箭头按钮ᵛ。单击ᵛ按钮，弹出包含全部事件的事件列表，用户可根据需要选择相应的事件。

（6）按 F12 键预览网页效果。

⑩ 跳转菜单

与真正的超链接相比，跳转菜单形式更加灵活。跳转菜单是从表单中的菜单发展而来的，可以通过"行为"面板中的"跳转菜单"选项添加"跳转菜单"动作。

使用"跳转菜单"动作的具体操作步骤如下。

（1）新建一个空白页面，并将其保存在适当的位置。单击"插入"面板"表单"选项卡中的"表单"按钮▤，在页面中插入一个表单，如图 9-113 所示。

（2）单击"插入"面板"表单"选项卡中的"选择"按钮▤，在表单中插入一个列表菜单，如图 9-114 所示。选中英文"Select:"并将其删除，效果如图 9-115 所示。

图 9-113

图 9-114

图 9-115

（3）在页面中选择列表菜单，打开"行为"面板，单击"添加行为"按钮 +.，并在弹出的菜单中选择"跳转菜单"命令，弹出"跳转菜单"对话框，如图 9-116 所示。

（4）在对话框中根据需要更改和重新排列菜单项，更改要跳转到的文件，以及更改打开这些文件的窗口，然后单击"确定"按钮完成设置。

图 9-116

（5）如果不需要该事件，则单击该事件，出现箭头按钮ᵛ。单击ᵛ按钮，弹出包含全部事件的事件列表，用户可根据需要选择相应的事件。

（6）按 F12 键预览网页效果。

⑪ 跳转菜单开始

"跳转菜单开始"动作与"跳转菜单"动作密切关联。"跳转菜单开始"将一个"前往"按钮和一个"跳转菜单"关联起来，单击"前往"按钮则打开在该"跳转菜单"中选择的链接。通常情况下，"跳转菜单"不需要使用"前往"按钮。但是如果"跳转菜单"出现在一个框架中，而"跳转菜单"项链接到其他框架中的网页，则通常需要使用"前往"按钮，实现访问者重新选择"跳转菜单"中的已选项。

使用"跳转菜单开始"动作的具体操作步骤如下。

（1）打开前面制作好的案例，如图 9-117 所示。选中列表菜单，在"属性"面板中单击"列表值"按钮，弹出"列表值"对话框，单击"添加项目"按钮＋，再添加一个项目，如图 9-118 所示。单击"确定"按钮，完成列表值的修改。

（2）将光标置于列表菜单的右侧，单击"插入"面板"表单"选项卡中的"按钮"按钮 ▭，在表单中插入一个按钮。保持按钮的选取状态，在"属性"面板中，将"Value"选项设为"前往"，效果如图 9-119 所示。

图 9-117

图 9-118

图 9-119

（3）选中"前往"按钮，在"行为"面板中单击"添加行为"按钮 +，并在弹出的菜单中选择"跳转菜单开始"命令，弹出"跳转菜单开始"对话框，如图 9-120 所示。在"选择跳转菜单"下拉列表中选择"前往"按钮要激活的菜单，然后单击"确定"按钮完成设置。

图 9-120

（4）如果不需要该事件，则单击该事件，出现箭头按钮 ﹀。单击 ﹀ 按钮，弹出包含全部事件的事件列表，用户可根据需要选择相应的事件。

（5）按 F12 键预览网页效果，如图 9-121 所示。单击"前往"按钮，跳转到相应的页面，效果如图 9-122 所示。

图 9-121

图 9-122

9.3.4 任务实施

（1）选择"文件 > 打开"命令，在弹出的"打开"对话框中，选择云盘中的"Ch09 > 素材 > 9.3 制作品牌商城网页 > index.html"文件，单击"打开"按钮打开文件，如图 9-123 所示。选中图 9-124 所示的图片。

图 9-123

图 9-124

（2）选择"窗口 > 行为"命令，弹出"行为"面板，单击面板中的"添加行为"按钮 +，在弹出的菜单中选择"交换图像"命令，弹出"交换图像"对话框，如图 9-125 所示。单击"设定原始档为"选项右侧的"浏览 ..."按钮，在弹出的"选择图像源文件"对话框中，选择云盘中的"Ch09 > 素材 > 9.3 制作品牌商城网页 > images > img_02.jpg"文件，如图 9-126 所示。单击"确定"按钮，返回到"交换图像"对话框，如图 9-127 所示。单击"确定"按钮，"行为"面板如图 9-128 所示。

图 9-125

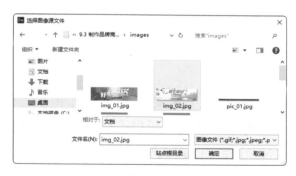

图 9-126

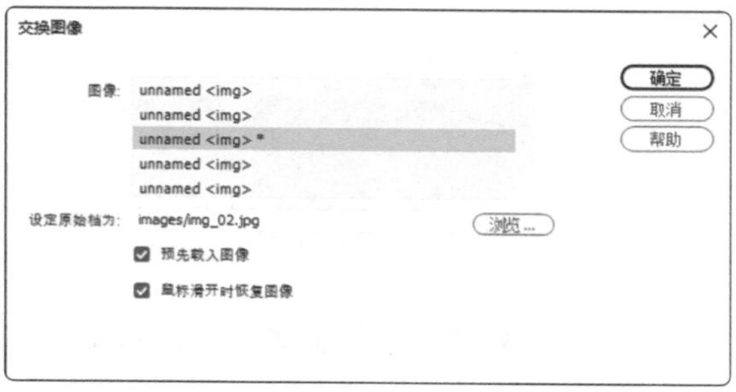

图 9-127

图 9-128

（3）保存文档，按 F12 键预览效果，如图 9-129 所示。当鼠标指针经过图像时，图像发生变化，如图 9-130 所示。

图 9-129

图 9-130

9.3.5　扩展实践：制作婚戒网页

使用"打开浏览器窗口"命令制作在网页中显示指定大小和属性的弹出窗口。最终效果参看云盘中的"Ch09 > 效果 > 9.3.5 扩展实践：制作婚戒网页 > index.html"文件，如图 9-131 所示。

图 9-131

任务 9.4　　项目演练：制作智能扫地机器人网页

9.4.1　任务引入

制作智能扫地机器人网页

智能扫地机器人是一个智能扫地机器人服务网站，包括产品中心、技术支持、品牌故事、购买渠道等板块。本任务要求为其制作智能扫地机器人网页，要求设计突出展示新款产品，页面便于用户操作。

9.4.2 设计理念

该网页使用居家生活实景照片作为背景，营造出温馨、舒适的氛围；新款产品的图片被置于页面醒目位置，强化了宣传力度；用户注册界面设计简洁，操作简单，增加了用户的好感。最终效果参看云盘中的"Ch09 > 效果 > 9.4 制作智能扫地机器人网页 > index.html"文件，如图 9-132 所示。

图 9-132

项目10

演练商业应用
——综合设计实训

10

本项目的综合设计实训案例根据网页设计项目的真实情境来讲解如何利用所学知识完成网页设计项目。通过本项目的学习，读者可以掌握Dreamweaver CC 2019的功能和使用技巧，并应用所学技能制作出专业的网页设计作品。

🔍 学习引导

🖥 知识目标

- 了解网页的分类；
- 了解各种网页的制作方法。

✅ 能力目标

- 熟练掌握网页的制作方法及技巧；
- 熟练掌握网页元素的使用及美化网页的方法。

✍ 素养目标

- 培养对各种类型网页的制作兴趣。

📊 实训项目

- 制作李梅的个人网页；
- 制作锋七游戏网页；
- 制作滑雪运动网页；
- 制作购房中心网页；
- 制作家政无忧网页。

任务 10.1　个人网页——制作李梅的个人网页

10.1.1　任务引入

李梅是一名专业的视觉设计师，本任务要求为其制作个人网页，以更好地展示她的设计作品。网页内容包括其个人资料、个人作品、设计方向等。要求设计风格独特，内容全面。

制作李梅的个人网页 1

制作李梅的个人网页 2

制作李梅的个人网页 3

10.1.2　设计理念

该网页以李梅的设计作品为主，主题鲜明；页面版块布局轻松、自然，具有艺术性与设计感；网页整体设计简单大方，配色清新明快，给人充满活力的感觉。最终效果参看云盘中的"Ch10 > 效果 > 10.1 制作李梅的个人网页 > index.html"文件，如图 10-1 所示。

图 10-1

10.1.3　任务实施

（1）选择"文件 > 新建"命令，新建空白文档。选择"文件 > 保存"命令，弹出"另存为"对话框。在"保存在"下拉列表中选择当前站点目录保存路径，在"文件名"文本框中输入"index"，单击"保存"按钮，返回文档编辑窗口。

（2）选择"文件 > 页面属性"命令，弹出"页面属性"对话框。在左侧的"分类"列表中选择"外观（CSS）"选项，将右侧的"页面字体"选项设为"宋体"，将"大小"选项设为 12 px，将"文本颜色"选项设为灰色（#3a3a3a），将"左边距""右边距""上边距""下边距"选项均设为 0 px，如图 10-2 所示。

（3）在左侧的"分类"列表中选择"标题 / 编码"选项，在右侧的"标题"文本框中输入"李梅的个人网页"，如图 10-3 所示。单击"确定"按钮，完成页面属性的修改。

图 10-2　　　　　　　　　　　　　　　　图 10-3

（4）单击"插入"面板"HTML"选项卡中的"Table"按钮，在弹出的"Table"对话框中进行设置，如图 10-4 所示，单击"确定"按钮完成表格的插入。保持表格的选取状态，在"属性"面板的"Align"下拉列表中选择"居中对齐"选项，如图 10-5 所示。

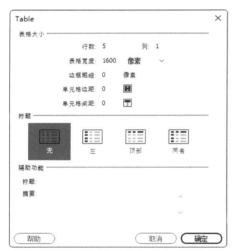

图 10-4　　　　　　　　　　　　　　　　图 10-5

（5）选择"窗口 > CSS 设计器"命令，弹出"CSS 设计器"面板。单击"选择器"选项组中的"添加选择器"按钮＋，在"选择器"选项组的文本框中输入名称".bj"，按 Enter 键确认，如图 10-6 所示；在"属性"选项组中单击"背景"按钮，切换到背景属性，单击"url"选项右侧的"浏览"按钮，在弹出的"选择图像源文件"对话框中，选择云盘中的"Ch10 > 素材 > 制作李梅的个人网页 > images > bj.png"文件，单击"确定"按钮，返回到"CSS 设计器"面板，单击"background-repeat"选项右侧的"no-repeat"按钮，如图 10-7 所示。

图 10-6　　　　　　　　图 10-7

（6）将光标置入第 1 行单元格中，在"属性"面板的"类"下拉列表中选择".bj"选项，将"高"选项设为 120 px，将"背景颜色"选项设为粉色（#feedee），效果如图 10-8 所示。

图 10-8

（7）在该单元格中插入一个 1 行 3 列、宽为 1000 px 的表格，并设置表格居中对齐。将光标置入刚插入表格的第 1 列单元格中，单击"插入"面板"HTML"选项卡中的"Image"按钮 ⯐，在弹出的"选择图像源文件"对话框中，选择云盘中的"Ch10 > 素材 > 10.1 制作李梅的个人网页 > images > logo.png"文件，单击"确定"按钮，完成图片的插入，如图 10-9 所示。

（8）将光标置入第 2 列单元格中，在"属性"面板的"目标规则"下拉列表中选择"< 新内联样式 >"选项，在"水平"下拉列表中选择"居中对齐"选项，将"大小"选项设为 14，将"color"选项设为白色，并在单元格中输入文字，效果如图 10-10 所示。

图 10-9　　　　　　　　图 10-10

（9）将光标置入到第 2 行单元格中，在"属性"面板"水平"选项的下拉列表中选择"居中对齐"选项，在"垂直"选项的下拉列表中选择"顶端"选项，将"高"选项设为 525。将云盘中"Ch10 > 素材 > 10.1 制作李梅的个人网页 > images"文件夹中的"jd.png"文件插入到该单元格中。

（10）将光标置入到第 3 行单元格中，在该单元格中插入一个 4 行 3 列，宽为 1000 像素的表格，并将其设为居中。将光标置入到刚插入表格的第 1 行第 1 列单元格中，在该单元格中输入文字，如图 10-11 所示。选中英文"WHAT CAN I DO ?"，在"属性"面板"目标规则"选项的下拉列表中选择"< 新内联样式 >"选项，在"字体"选项的下拉列表中选择"Maiandra GD"，"大小"选项为 18，效果如图 10-12 所示。

图 10-11   图 10-12

（11）合并第2行单元格。将"pic_1.png"文件插入到该单元格中，效果如图10-13所示。

图 10-13

（12）将光标置入到第3行第1列单元格中，在"属性"面板中将"高"选项设为60。在该单元格中输入文字。在"CSS设计器"面板中单击"选择器"选项组中的"添加选择器"按钮 ✚，在"选择器"选项组中出现文本框，输入名称".bt"，按 Enter 键确认输入，如图10-14所示。在"属性"选项组中单击"文本"按钮 T，切换到文本属性界面，将"font-family"设为"Maiandra GD"，"font-size"设为38 px，如图10-15所示。

图 10-14   图 10-15

（13）选中英文"GRAOHIC"，如图10-16所示。在"属性"面板"类"选项的下拉列表中选择".bt"选项，效果如图10-17所示。

（14）将光标置入到第4行第1列单元格中，在"属性"面板中将"宽"选项设为340。将"img_1.png"文件插入到该单元格中，效果如图10-18所示。

图 10-16   图 10-17   图 10-18

（15）用上述方法在其他单元格中输入文字，插入图像、表格，并为文字应用相应的样式，制作出图10-19所示的效果。

（16）保存文档，按F12键，预览网页效果，如图10-20所示。

图 10-19   图 10-20

任务 10.2   游戏娱乐网页——制作锋七游戏网页

10.2.1   任务引入

锋七游戏网站提供大量的游戏体验和攻略，深受游戏爱好者的欢迎。本任务要求为其制作锋七游戏网页，要求设计风格强烈，布局合理。

制作锋七游戏   制作锋七游戏   制作锋七游戏
网页 1   网页 2   网页 3

10.2.2   设计理念

该网页背景图片科幻感十足，营造出神秘的游戏氛围；页面中的板块清晰，方便游戏玩家浏览；页面下方的功能说明，满足了玩家的不同需求，使玩家可以尽情享受游戏。最终效果参看云盘中的"Ch10 > 效果 > 10.2 制作锋七游戏网页 > index.html"文件，如图10-21 所示。

图 10-21

10.2.3   任务实施

（1）选择"文件 > 新建"命令，新建空白文档。选择"文件 > 保存"命令，弹出"另存为"对话框。在"保存在"下拉列表中选择当前站点目录保存路径，在"文件名"文本框中输入"index"，单击"保存"按钮，返回文档编辑窗口。

（2）选择"文件 > 页面属性"命令，弹出"页面属性"对话框。在左侧的"分类"列表中选择"外观（CSS）"选项，将右侧的"页面字体"选项设为"宋体"，将"大小"选项设为 12 px，将"文本颜色"选项设为灰色（#646464），"左边距""右边距""上边距""下边距"选项均设为 0 px，如图 10-22 所示。

（3）在左侧的"分类"列表中选择"标题/编码"选项，在右侧的"标题"文本框中输入"锋七游戏网页"，如图 10-23 所示，单击"确定"按钮，完成页面属性的修改。

图 10-22

图 10-23

（4）单击"插入"面板"HTML"选项卡中的"Table"按钮 ⊞ ，在弹出的"Table"对话框中进行设置，如图 10-24 所示，单击"确定"按钮完成表格的插入。保持表格的选取状态，在"属性"面板的"Align"下拉列表中选择"居中对齐"选项，效果如图 10-25 所示。

图 10-24

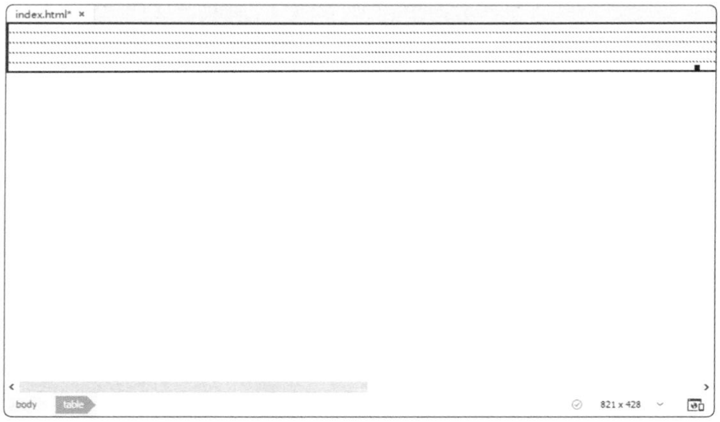

图 10-25

（5）在第 1 行单元格中插入一个 1 行 2 列，宽为 1160 像素的表格。将光标置入表格的第 1 列单元格，单击"插入"面板"HTML"选项卡中的"Image"按钮 ▣ ，在弹出的"选择图像源文件"对话框中，选择云盘中的"Ch10 > 素材 > 10.1 制作锋七游戏网页 > images > logo.jpg"文件，单击"确定"按钮，完成图片的插入，如图 10-26 所示。

图 10-26

（6）将光标置入第 2 列单元格中，在"属性"面板的"水平"下拉列表中选择"右对齐"选项，在该单元格中输入内容，如图 10-27 所示。

图 10-27

（7）将光标置入主体表格的第 2 行单元格中，单击"插入"面板"HTML"选项卡中的"Image"按钮 ⬚，在弹出的"选择图像源文件"对话框中，选择云盘中的"Ch10 > 素材 > 10.2 制作锋七游戏网页 > images > pic_0.jpg"文件，单击"确定"按钮，完成图片的插入，如图 10-28 所示。

图 10-28

（8）将光标置入第 3 行单元格中，在"属性"面板的"水平"下拉列表中选择"居中对齐"选项，在"垂直"下拉列表中选择"顶端"选项，将"高"选项设为 420 px，在该单元格中插入一个 3 行 5 列、宽为 1200 px 的表格，效果如图 10-29 所示。

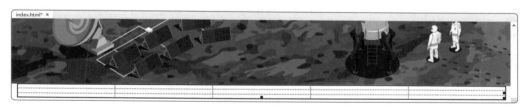

图 10-29

（9）用相同的方法在其他元格中插入相应的图像、表格等内容，输入文字并应用 CSS 样式，效果如图 10-30 所示。

图 10-30

（10）将光标置入主体表格的第4行单元格中，在"属性"面板的"水平"下拉列表中选择"居中对齐"选项，将"高"选项设为335 px，将"背景颜色"选项设为深灰色（#1e1f24）。在该单元格中插入一个2行9列、宽为1000 px的表格，效果如图10-31所示。

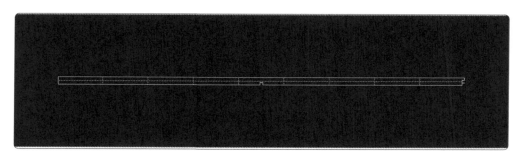

图10-31

（11）将光标置入第1行第1列单元格中，在"属性"面板的"水平"下拉列表中选择"居中对齐"选项，将"高"选项设为150 px。单击"插入"面板"HTML"选项卡中的"Image"按钮 ，在弹出的"选择图像源文件"对话框中，选择云盘中的"Ch10 > 素材 > 10.2 制作锋七游戏网页 > images > tu_01.png"文件，单击"确定"按钮，完成图片的插入，如图10-32所示。

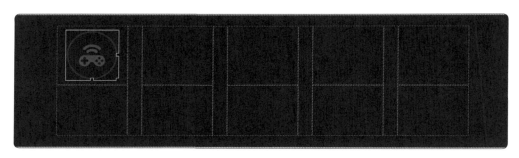

图10-32

（12）在第1行第1列单元格中输入文字。选中图10-33所示的文字，在"属性"面板的"类"下拉列表中选择".bt"选项，应用该样式，效果如图10-34所示。选中图10-35所示的文字，在"属性"面板的"类"下拉列表中选择".text02"选项，应用该样式，效果如图10-36所示。

图10-33　　　　　　　图10-34　　　　　　　图10-35　　　　　　　图10-36

（13）用相同的方法在其他单元格中输入文字并应用相应的样式，完善网页。保存文档，按F12键预览网页效果，如图10-37所示。

图 10-37

任务 10.3 　旅游休闲网页——制作滑雪运动网页

10.3.1 　任务引入

　　本任务要求为某滑雪场制作滑雪运动网页，用于宣传滑雪场，吸引更多的滑雪爱好者，要求设计体现出滑雪运动的乐趣。

制作滑雪运动网页 1　　制作滑雪运动网页 2　　制作滑雪运动网页 3

10.3.2 　设计理念

　　该网页的背景为美丽的雪山和充满激情的运动员，能够使人产生对滑雪运动的向往；页面色彩搭配干净、清爽，符合滑雪运动的特色；简洁的导航栏方便用户浏览信息；丰富的滑雪运动新闻、滑雪场消息占据页面的主要篇幅，增加了网页的可读性。最终效果参看云盘中的"Ch10＞效果＞10.3 制作滑雪运动网页＞index.html"文件，如图 10-38 所示。

图 10-38

10.3.3 任务实施

（1）选择"文件 > 新建"命令，新建空白文档。选择"文件 > 保存"命令，弹出"另存为"对话框，在"保存在"下拉列表中选择当前站点目录保存路径；在"文件名"文本框中输入"index"，单击"保存"按钮，返回文档编辑窗口。

（2）选择"文件 > 页面属性"命令，弹出"页面属性"对话框，在左侧的"分类"列表中选择"外观（CSS）"选项，将"大小"选项设为12 px，将"文本颜色"选项设为灰色（#646464），将"左边距""右边距""上边距""下边距"选项均设为0 px，如图10-39所示。

（3）在左侧的"分类"列表中选择"标题/编码"选项，在"标题"文本框中输入"滑雪运动网页"，如图10-40所示。单击"确定"按钮完成页面属性的修改。

图 10-39

图 10-40

（4）单击"插入"面板"HTML"选项卡中的"Table"按钮，在弹出的"Table"对话框中进行设置，如图10-41所示。单击"确定"按钮，完成表格的插入。保持表格的选取状态，在"属性"面板的"Align"下拉列表中选择"居中对齐"选项。

（5）选择"窗口 > CSS设计器"命令，弹出"CSS设计器"面板。单击"选择器"选项组中的"添加选择器"按钮，在"选择器"选项组的文本框中输入名称".bj"，按 Enter 键确认，如图10-42所示；在"属性"选项组中单击"背景"按钮，切换到背景属性，单击"url"选项右侧的"浏览"按钮，在弹出的"选择图像源文件"对话框中，选择云盘中的"Ch10 > 素

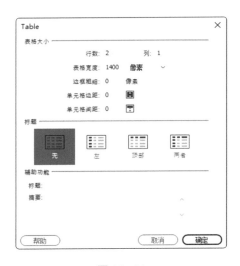

图 10-41

材 > 10.3 制作滑雪运动网页 > images > bj_1.jpg"文件，单击"确定"按钮，返回到"CSS设计器"面板，单击"background-repeat"选项右侧的"no-repeat"按钮，如图10-43所示。

图 10-42   图 10-43

（6）将光标置入第 1 行单元格，在"属性"面板的"水平"下拉列表中选择"居中对齐"选项，在"垂直"下拉列表中选择"顶端"选项，将"高"选项设为 1290 px，效果如图 10-44 所示。用上述方法在单元格中插入表格、图片，输入文字并应用相应的效果。

图 10-44

（7）将光标置入第 4 行单元格，在"属性"面板的"水平"下拉列表中选择"居中对齐"选项，在"垂直"下拉列表中选择"顶端"选项，将"背景颜色"选项设为白色。在该单元格中插入一个 3 行 3 列、宽为 970 px 的表格。

（8）将光标置入刚插入表格的第 1 行第 1 列单元格中，在"属性"面板中，将"宽"选项设为 300 px，"高"选项设为 65 px，在该单元格中输入文字，如图 10-45 所示。

图 10-45

（9）选中图 10-46 所示的文字，在"属性"面板的"类"下拉列表中选择".bt"选项，应用该样式，效果如图 10-47 所示。用相同的方法为其他文字应用样式，效果如图 10-48 所示。

图 10-46

图 10-47

图 10-48

（10）用相同的方法为其他文字应用样式，效果如图 10-49 所示。

图 10-49

（11）滑雪运动网页制作完成，保存文档，按 F12 键预览网页效果，如图 10-50 所示。

图 10-50

任务 10.4　房产网页——制作购房中心网页

10.4.1　任务引入

　　本任务要求为某购房中心制作网页，用于宣传其业务，要求设计符合网页功能需求，布局合理。

制作购房中心
网页1

制作购房中心
网页2

制作购房中心
网页3

10.4.2　设计理念

该网页使用红色为主色调，浅色的背景与红色的导航栏等元素相互衬托，突出行业的朝气；导航栏的设计简洁清晰，方便购房者查找需要的项目和户型；文字和图片精心编排和分类设计，使页面观感舒适，令人愉悦。最终效果参看云盘中的"Ch10 > 效果 > 10.4 制作购房中心网页 > index.html"文件，如图 10-51 所示。

图 10-51

10.4.3　任务实施

（1）选择"文件 > 新建"命令，新建空白文档。选择"文件 > 保存"命令，弹出"另存为"对话框。在"保存在"下拉列表中选择当前站点目录保存路径，在"文件名"文本框中输入"index"，单击"保存"按钮，返回文档编辑窗口。

（2）选择"文件 > 页面属性"命令，弹出"页面属性"对话框，将"大小"选项设为12 px，将"文本颜色"选项设为灰色（#595959），将"背景颜色"选项设为淡灰色（#f5f5f5），将"左边距""右边距""上边距""下边距"选项均设为 0 px，如图 10-52 所示。

（3）在左侧的"分类"列表中选择"标题 / 编码"选项，在右侧的"标题"文本框中输入"购房中心网页"，如图 10-53 所示，单击"确定"按钮，完成页面属性的修改。

图 10-52

图 10-53

（4）单击"插入"面板"HTML"选项卡中的"Table"按钮 Ⅲ，在弹出的"Table"对话框中进行设置，如图10-54所示，单击"确定"按钮，完成表格的插入。保持表格的选取状态，在"属性"面板的"Align"下拉列表中选择"居中对齐"选项，效果如图10-55所示。

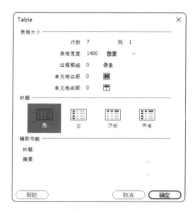

图 10-54

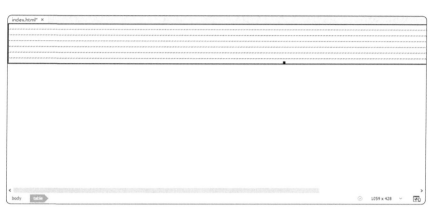

图 10-55

（5）将光标置入第1行单元格，在"属性"面板的"水平"下拉列表中选择"居中对齐"选项，将"高"选项设为80 px。在该单元格中插入一个1行3列、宽为1000 px的表格。将光标置入刚插入表格的第1列单元格中，单击"插入"面板"HTML"选项卡中的"Image"按钮 □，在弹出的"选择图像源文件"对话框中，选择云盘中的"Ch10 > 素材 > 10.4 制作购房中心网页 > images > logo.png"文件，单击"确定"按钮，完成图片的插入，效果如图10-56所示。

图 10-56

（6）将光标置入主体表格的第3行单元格，将云盘中的"Ch10 > 素材 > 10.4 制作购房中心网页 > images > pic.jpg"文件插入该单元格中，效果如图10-57所示。将光标置入第4行单元格，在该单元格中插入一个1行6列，宽为1000像素的表格，并在各单元格中插入相应的图片，输入文字。

图 10-57

（7）在"CSS 设计器"面板中，单击"选择器"选项组中的"添加选择器"按钮 ✚，在"选择器"选项组的文本框中输入名称".bt"，按 Enter 键确认，如图 10-58 所示；在"属性"选项组中单击"文本"按钮 🄣，切换到文本属性，将"font-family"选项设为"微软雅黑"，将"font-size"选项设为 18 px，将"color"选项设为红色（#cc0000），如图 10-59 所示。

（8）在"CSS 设计器"面板中，单击"选择器"选项组中的"添加选择器"按钮 ✚，在"选择器"选项组的文本框中输入名称".text01"，按 Enter 键确认；在"属性"选项组中单击"文本"按钮 🄣，切换到文本属性，将"line-height"选项设为 20 px，如图 10-60 所示。

图 10-58

图 10-59

图 10-60

（9）选中图 10-61 所示的文字，在"属性"面板的"类"下拉列表中选择".bt"选项，应用该样式，效果如图 10-62 所示。选中图 10-63 所示的文字，在"属性"面板的"类"下拉列表中选择".text01"选项，应用该样式，效果如图 10-64 所示。用相同的方法为其他单元格中的文字应用样式，效果如图 10-65 所示。

图 10-61

图 10-62

图 10-63

图 10-64

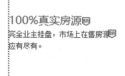
图 10-65

（10）将光标置入第 2 行单元格，在"属性"面板的"水平"下拉列表中选择"居中对齐"选项。在单元格中插入图像并在两个图像之间输入空格，效果如图 10-66 所示。

图 10-66

（11）保存文档，按 F12 键预览网页效果，如图 10-67 所示。

图 10-67

任务 10.5 电子商务网页——制作家政无忧网页

10.5.1 任务引入

家政无忧是一个提供家庭保洁服务的平台，主营业务包括日常保洁、家电清洗、干洗服务、家具维修等。本任务要求为其制作网页，用于宣传和推广公司业务，吸引更多的消费者，要求设计体现出公司的业务特色。

10.5.2 设计理念

该网页中的色彩搭配清爽怡人，营造出舒适、轻松的氛围；卡通图标的公司特色说明，增加了页面的趣味性；专业

制作家政无忧
网页 1

制作家政无忧
网页 2

制作家政无忧
网页 3

制作家政无忧
网页 4

保洁图片搭配文字说明，展示了公司业务领域，突出了宣传主题。最终效果参看云盘中的"Ch10 > 效果 > 10.5 制作家政无忧网页 > index.html"文件，如图 10-68 所示。

图 10-68

10.5.3 任务实施

（1）选择"文件 > 新建"命令，新建空白文档。选择"文件 > 保存"命令，弹出"另存为"对话框，在"保存在"下拉列表中选择当前站点目录保存路径；在"文件名"文本框中输入"index"，单击"保存"按钮，返回文档编辑窗口。

（2）选择"文件 > 页面属性"命令，弹出"页面属性"对话框，在左侧的"分类"列表中选择"外观（CSS）"选项，将"大小"选项设为 12 px，将"文本颜色"选项设为深灰色（#646464），将"左边距""右边距""上边距""下边距"选项均设为 0 px，如图10-69 所示。

（3）在左侧的"分类"列表中选择"标题 / 编码"选项，在"标题"文本框中输入"家政无忧网页"，如图 10-70 所示。单击"确定"按钮完成页面属性的修改。

图 10-69   图 10-70

（4）单击"插入"面板"HTML"选项卡中的"Table"按钮 ▦，在弹出的"Table"对话框中进行设置，如图 10-71 所示。单击"确定"按钮，完成表格的插入。保持表格的选取状态，在"属性"面板的"Align"下拉列表中选择"居中对齐"选项。

（5）选择"窗口 > CSS 设计器"命令，弹出"CSS 设计器"面板，单击"选择器"选项组中的"添加选择器"按钮**＋**，在"选择器"选项组的文本框中输入名称".bj"，按 Enter 键确认；在"属性"选项组中单击"背景"按钮▨，切换到背景属性，单击"url"选项右侧的"浏览"按钮▣，在弹出的"选择图像源文件"对话框中，选择云盘中的"Ch10 > 素材 > 10.5 制作家政无忧网页 > images > bj.jpg"文件，如图 10-72 所示。单击"确定"按钮，返回到"CSS 设计器"面板，单击"background-repeat"选项右侧的"repeat-x"按钮▦，如图 10-73 所示。

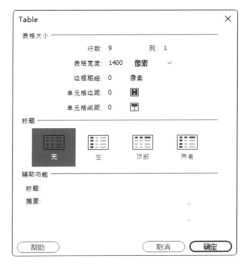

图 10-71

图 10-72

图 10-73

（6）将光标置入第 1 行单元格，在"属性"面板的"水平"下拉列表框中选择"居中对齐"选项。在该单元格中插入一个 1 行 2 列，宽为 1000 像素的表格。将光标置入第 1 列单元格，单击"插入"面板"HTML"选项卡中的"Image"按钮▣，在弹出的"选择图像源文件"对话框中，选择云盘中的"Ch10 > 素材 > 10.5 制作家政无忧网页 > images > logo.png"文件，单击"确定"按钮，完成图片的插入，如图 10-74 所示。

图 10-74

（7）将光标置入第 2 列单元格，在"属性"面板的"目标规则"下拉列表中选择"< 新内联样式 >"选项，在"水平"下拉列表中选择"右对齐"选项，将"大小"选项设为 14。在该单元格中输入内容，如图 10-75 所示。

图 10-75

（8）将光标置入主体表格的第2行单元格，将云盘中的"Ch10 > 素材 > 10.5 制作家政无忧网页 > images > jdt.jpg"文件插入该单元格中，如图10-76所示。用上述方法在单元格中插入表格、图片，输入文字并应用相应的效果。

图 10-76

（9）选中图10-77所示的文字，在"属性"面板的"类"下拉列表中选择".bt"选项，应用该样式，效果如图10-78所示。选中图10-79所示的文字，在"属性"面板的"类"下拉列表中选择".text"选项，应用该样式，效果如图10-80所示。

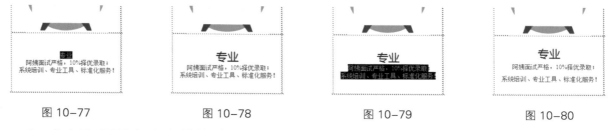

图 10-77   图 10-78   图 10-79   图 10-80

（10）用相同的方法在其他单元格中输入文字并应用样式，效果如图10-81所示。

图 10-81

（11）在"CSS设计器"面板中，单击"选择器"选项组中的"添加选择器"按钮➕，在"选择器"选项组的文本框中输入名称".delete"，按Enter键确认，如图10-82所示；在"属性"选项组中单击"文本"按钮⊺，切换到文本属性，将"line-height"选项设为25 px，单击"text-decoration"选项右侧的"line-through"按钮⊤，如图10-83所示；单击"布局"按钮▦，切换到布局属性，将"padding-left"选项设为15 px，如图10-84所示。

图 10-82

图 10-83

图 10-84

（12）选中图 10-85 所示的文字，在"属性"面板的"类"下拉列表中选择".delete"选项，应用该样式，效果如图 10-86 所示。

（13）将光标置入第 3 行单元格，在"属性"面板的"水平"下拉列表中选择"居中对齐"选项，将"高"选项设为 80 px。将云盘中的"Ch10 > 素材 > 10.5 制作家政无忧网页 > images > an.jpg"文件插入该单元格中，如图 10-87 所示。

图 10-85

图 10-86

图 10-87

（14）用上述方法制作出图 10-88 所示的效果。

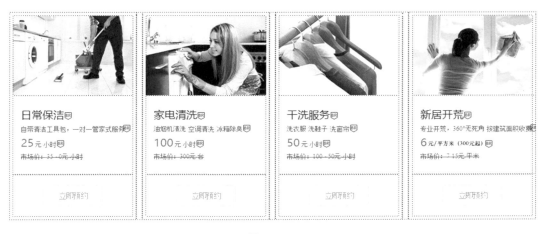
图 10-88

（15）保存文档，按 F12 键预览网页效果，如图 10-89 所示。

图 10-89

中等职业学校工业和
信息化精品系列教材

数·字·媒·体·艺·术·设·计

- 摄影摄像技术（项目式全彩微课版）
- 网店美工设计（项目式全彩微课版）
- Photoshop 图形图像处理（项目式全彩微课版）
- Illustrator 平面设计创意与制作（项目式全彩微课版）
- Premiere 数字影视剪辑（项目式全彩微课版）
- Dreamweaver 网页设计与制作（项目式全彩微课版）
- Animate 二维动画设计与应用（项目式全彩微课版）
- InDesign 排版设计（项目式全彩微课版）
- CorelDRAW 图形设计（项目式全彩微课版）
- Flash 动漫制作（项目式全彩微课版）
- 3ds Max 室内效果图设计（项目式全彩微课版）
- 3ds Max 动画制作（项目式全彩微课版）
- 商品拍摄与处理（项目式全彩微课版）
- After Effects 影视后期合成（项目式全彩微课版）
- 平面广告设计与制作（Photoshop+Illustrator）（项目式全彩微课版）
- AutoCAD 工程制图（项目式双色微课版）

人邮教育
www.ryjiaoyu.com

教材服务热线：010-81055256
反馈／投稿／推荐信箱：315@ptpress.com.cn
人邮教育服务与资源下载社区：www.ryjiaoyu.com

人邮计算机中职教师服务群
319609711

ISBN 978-7-115-59023-7

9 787115 590237 >

定价：59.80元